도시의 밤하늘

도시의 밤하늘

빌딩 사이로 보이는 별빛을 찾아서

초판 1쇄 발행 2023년 1월 31일

지은이 김성환

편집 최일규, 김은이
디자인 레오북

펴낸곳 오르트
펴낸이 정유진
전화 070-7786-6678
팩스 0303-0959-0005
이메일 oortbooks@naver.com

ISBN 979-11-976804-1-0 03440

이 도서는 한국출판문화산업진흥원의 '2022년 중소출판사 출판콘텐츠 창작 지원 사업'의
일환으로 국민체육진흥기금을 지원받아 제작되었습니다.

도시의 밤하늘

빌딩 사이로 보이는
별빛을 찾아서

김성환 지음

오르트

이야기를 시작하며

반짝반짝 작은 별, 우리도 볼 수 있어요

안녕하세요, 도시인 여러분. 여러분의 주변에는 어떤 풍경이 보이나요? 만약 도시에 살고 있다면 곁에는 아파트가 높이 솟아 있을 거예요. 어쩌면 그보다 높은 빌딩이 있을 수도 있겠네요. 또 수많은 자동차가 도로를 달리고 있을 거예요. 그리고 밤이 찾아오면 아파트와 빌딩에는 크리스마스트리에 불이 들어오듯이 하나둘씩 불이 켜지기 시작하고 자동차들은 앞뒤로 빛을 비춰요. 가로등에도 불이 들어오면서 도로는 사실상 빛이 흐르는 시냇물 줄기처럼 변해요. 이처럼 도시의 밤은 인간이 만든 빛으로 가득 차게 돼요.

이 책을 펼친 여러분은 아마 밤하늘의 별에 관심이 있을 거예요. 또한 제목처럼 도시에 살고 있고요. 그런데 아쉽게도 도시와 별은 서로 궁합이 잘 맞지 않아요. 아파트와 빌딩이 하늘을 가리면서 우리 시야를 좁게 만들고, 인공적인 빛은 어두워야 할 밤하늘을 밝게 비추니까요. 원래 맑은 날 밤하늘에는 수많은 별이 보여야 하는데 이런 요소들이 복합적으로 작용하면 도시에서는 고작 몇 개의 별만 보이거나 심지어는 아예 보이지 않는 경우도 있어요. 그래서 우리가 밤하늘의 별을 제대로 보고 싶다면 높은 건물과 인공적인 빛이 거의 없는 장소를 찾아야 해요. 그런 곳은 당연히 도시는 아닐 테고, 차를 타고 도시에서 먼 곳으로 떠나야 할 거예요.

그러나 도시에 사는 우리가 평일에 별을 보기 위해 어딘가로 이동하는 건 사실 힘든 일이에요. 낮 동안 학교나 직장에서 시간을 보내면 이미 많이 피곤할 거고, 다음 날도 일찍 일상을 시작해야 하는 경우가 많으니까요. 그렇다면 주말을 이용해야 하는데, 주말은 또 주말대로 붐비기에 많은 시간과 에너지를 소비해야 하죠.

도시를 쉽게 떠나기 힘든 도시인이 별과 친해지기 위해서는 어떻게 해야 할까요? 방법은 하나예요. 도시 안에서, 내가 사는 동네에서 하늘을 올려다보는 것이 가장 좋아요. 물론 도시는 '일반적으로는' 별을 보기 좋은 장소가 아니에요. 하지만 발상을 전환해 보면 도시는 이제 막 별과 친해지고 싶은 초보 관측자에게 정말 좋은 장소가 될 수 있어요. 보통 별을 보려면 어두운 곳을 찾아가 혼자 하늘을 보는 경우가 많아요. 그런데 이건 겁이 나는 상황이 되기도 해요. 어두운 곳에 혼자 있어야 하니까요. 하지만 도시에서라면 조금 다를 수 있어요. 어디에나 미약하더라도 가로등 빛이 있을 거고, 멀지 않은 곳에 다른 사람들이 있을 테니까요. 그리고 무엇보다 중요한 건 도시가 일종의 필터 역할을 한다는 점이에요. 정말 별이 잘 보이는 어두운 곳에서는 수많은 별이 보여요. 그러다 보니 오히려 이 별이 어떤 별인지 헷갈리는 경우가 많아요. 물론 경험 많은 관측자라면 금세 구분할 수 있겠지만 우리처럼 초보 관측자에게는 어려운 일이에요. 그런데 도시의 밤하늘은 덜 밝은 별을 과감히 숨겨 주고 정말 밝게 빛나는 몇 개의 별만 선별해서 보여 줘요. 도시에서 볼 수 있을 만큼 밝은 별은 다들 고유한 이름이 있는, 중요한 별이라고 할 수 있어요. 즉 도시는 친절하게도 중요한 별만 골라서 우리에게 보여 주기에 처음 별에 관심을 갖는 사람들이 별을 보기에 좋은 장소일 수 있어요. 게다가 맨눈으로만 별이 적게 보일 뿐, 망원경이나 쌍안경을 사용하면 숨겨져 있던 별도 많이 볼 수 있어요.

별을 보는 건 복잡한 게임을 하는 것과도 같아요. 우리가 새로운 게임을 한다고 생각해 보면, 게임에 적응하기도 전에 어렵고 복잡한 플레이를 한다는 건 불가능에 가까워요. 간단하고 쉬운 단계부터 차례차례 진행해 나가다 보면 어느새 어려운 미션도 잘 수행할 수 있게 돼요. 도시는 별을 보고 싶은 우리를 위한 연습 장소라고 생각할 수 있어요. 도시의 밤하늘에서 별에 익숙해지면 나중에 도시를 떠나 복잡한 밤하늘에서 수많은 별과 마주해도 크게 어렵다는 생각이 들지는 않을 거예요.

이 책에서는 도시의 장점을 최대한 살려서 밤하늘의 별을 만나는 방법에 대해 알아볼 거예요. 즉 도시인에게 필요한 도시인만의 별 보는 방법을 통해서 여러분이 별에 익숙해지도록 돕는 것이 이 책의 목표예요. 이 책을 읽으며 도시에서도 충분히 아름다운 밤하늘을 만날 수 있다는 걸 느낄 수 있으면 좋겠어요.

도시인 여러분, 핸드폰을 보느라 숙이는 자세에 익숙해진 고개를, 하늘을 향해 위로 들어 볼까요? 빛나는 별이 우리를 기다리고 있어요.

2023년 1월

도시에서 김성환

차례

1부

별자리
하늘에 그린 그림

01
도시 밤하늘과 친해지기

초보 관측자가 밤하늘과 친해지기 위해서는 우선 별자리에 익숙해져야 해요. 하지만 우리는 도시에 살고 있어요. 도시에서는 별자리를 구성하는 모든 별이 다 보이지 않아요. 그중에서 가장 밝은 별 몇 개만 볼 수 있어요. 그러므로 도시의 관측자에게는 별자리보다 밝은 별 몇 개가 더 중요해요. 우리는 지금부터 여름철 별자리를 통해서 도시 밤하늘에서 별을 찾고, 관측하는 방법에 대해 알아볼 거예요. 여름 밤하늘에는 밝은 별이 만드는 대삼각형이 잘 보여서 초보 관측자가 찾기 쉬워요. 여름철 별자리를 통해 밤하늘을 보는 방법을 알아본 뒤 많은 별이 보이는 겨울철 별자리를 살펴보고, 봄과 가을의 별자리도 만나 볼게요.

우리가 별을 볼 때, 별이 밝을수록 더 크게 보여요. 반대로 별이 어두두면 더 작아 보이죠. 밝기에 따라 별이 우리에게 보이는 크기가 결정되는 셈이에요. 이 책에서도 더 밝은 별을 더 큰 점으로 표현했어요.

도시의 필터 효과

다음 그림은 여름철 별자리 중 하나인 거문고자리예요. 별을 선으로 연결하면 별자리 모양이 그려져요. 충분히 어두운 곳이라면 왼쪽처럼 모든 별이 보일 수 있어요. 하지만 보통 환경의 도시에서는 필터 효과로 인해 오른쪽처럼 보여요. 정말 단순해졌죠? 다른 별은 다 사라지고, 가장 밝은 별인 베가(직녀성)만 딱 하나 보여요. 베가는 아주 밝아서 도시의 필터를 통과해도 남아 있을 수 있어요.

그런데 만약 밤하늘에 오직 이 하나의 별만 보인다면, 이 별이 거문고자리에 속하는 베가라는 것을 알 수 있을까요? 물론 평소에 별을 많이 보아서 밤하늘이 익숙한 사람이라면 '아! 저 별은 이 정도의 밝기에, 행성보다는 어둡고, 이 계절, 이 시간에 저 위치쯤에 보이니까 베가겠구나.'라고 생각할 수 있어요. 하지만 초보 관측자들이 이런 생각을 하기는 쉽지 않아요. 이처럼 별이 딱 하나만 보인다면 우리는 어떻게 해야 할까요?

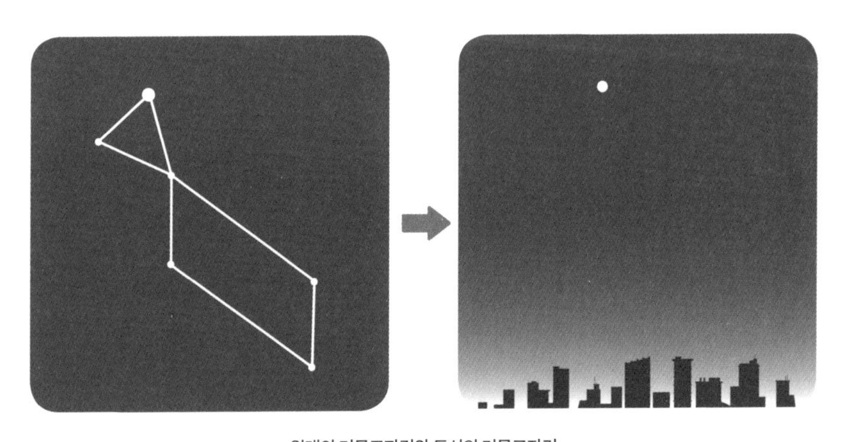

원래의 거문고자리와 도시의 거문고자리

02
여름철 별자리의 대삼각형

계절에 따라, 시간에 따라 밤하늘에 떠 있는 별과 별자리가 달라져요. 맑은 날 여름밤, 하늘을 올려다본 적 있나요? 그렇다면 이미 하늘에서 큰 삼각형을 보았을 수도 있어요. 그건 하나의 별자리가 아니고 3개 별자리의 주요 별을 잇는 삼각형으로, 흔히 여름철 별자리의 대삼각형이라고 불러요. 이번에는 그 삼각형에 대해 알아볼게요.

유난히 밝은 3개의 별

앞에서 살펴본 것처럼 일반적인 도시에서는 거문고자리 별 중에서 단 하나의 별, 베가만 보여요. 거문고자리 주변에 있는 백조자리와 독수리자리에도 밝은 별이 하나씩 눈에 띄어요. 백조자리에서는 백조의 꼬리에 해당하는 데네브가, 독수리자리에서는 알타이르가 밝게 빛나고 있어요. 이렇게 우리 눈에 보이는 밝은 별 3개를 연결해 만들 수 있는 커다란 삼각형

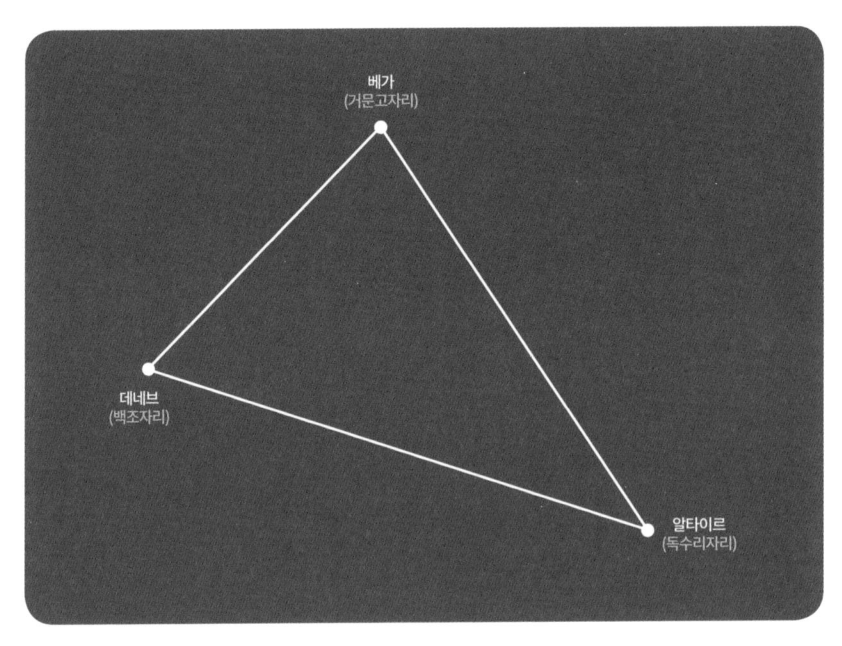

여름철 별자리의 대삼각형

이 여름철 별자리의 대삼각형이에요.

직녀성과 견우성은 많이 들어 보셨을 거예요. 거문고자리의 베가가 직녀성이고 독수리자리의 알타이르가 견우성이에요. 염소자리에 있는 다른 별을 견우성으로 본다는 말도 있긴 하지만 도시에 사는 우리는 밝게 보이는 알타이르를 견우성으로 생각하면 돼요.

다시 대삼각형 이야기로 돌아가서, 하늘에 단 하나의 별만 있다면 그 별이 어떤 별인지 알아내기 쉽지 않지만 그림처럼 3개의 별이 삼각형을 만든다면 삼각형의 모양과 별의 밝기를 통해 어떤 별인지 확실하게 알 수 있어요. 일단 여름철 밤하늘에서 삼각형을 이루는 밝은 별 3개를 찾아요. 그중에 다른 2개의 별보다 더 멀리 떨어져 있는 별이 독수리자리의 알타이르예요. 그리고 나머지 가까이 놓여 있는 두 별 중에 더 밝은 별이 거문고자리의 베가이고, 더 어두운 별이 백조자리의 데네브예요. 3개의 별 중에 베가가 가장 밝아요.

이렇게 여름철 별자리의 대삼각형을 찾으면 삼각형의 모양과 별의 밝기를 통해 어떤 별인지 알 수 있어요. 자연스럽게 그 별이 속한 별자리도 알 수 있고요. 단, 행성을 주의해야 해요. 행성이 별보다 밝게 빛나기도 하기 때문에 밝은 별처럼 보이는 천체가 4개 이상이 될 수 있어요. 여기서 천체란 하늘에 보이는 물체를 통틀어서 부르는 말이에요. 행성에 대해서는 4부에서 다시 살펴볼게요.

대삼각형은 얼마나 클까?

그렇다면 여름철 별자리의 대삼각형은 얼마나 크기에 그냥 삼각형이

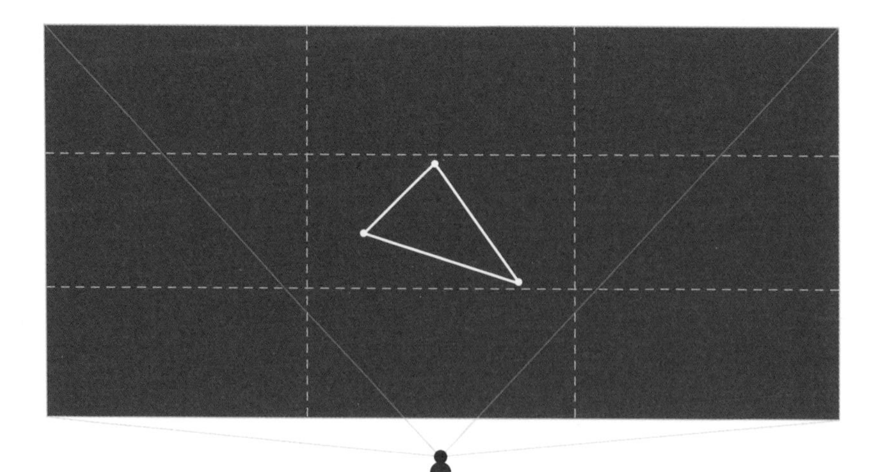

아닌 '대삼각형'이라고 부르는 걸까요? 크기를 가늠해 볼 수 있도록 우리의 시야를 그림으로 그려 봤어요. 그림에서 외부의 큰 사각형은 우리의 전체 시야를 나타내요. 우리 시야를 가로로 3등분하고 세로로도 3등분하면 9개의 사각형으로 나눌 수 있어요. 여름철 별자리의 대삼각형은 그중 하나를 거의 채우는 크기예요. 꽤나 큰 삼각형이니 역시 앞에 '대'라는 글자가 붙을 만하죠?

03
잘 보이지 않는 별과 별자리

도시에는 높은 건물이 많다 보니 여름철 별자리의 대삼각형이 잘 보이지 않을 수도 있어요. 아래 왼쪽 그림을 보면 대삼각형을 이루는 별 중에서 독수리자리의 알타이르가 건물에 가려서 보이지 않아요. 별에 익숙한 사람이라면 나머지 2개의 별만 보고도 어떤 별인지 알아낼 수 있겠지만 초보 관측자들에게는 어려워요.

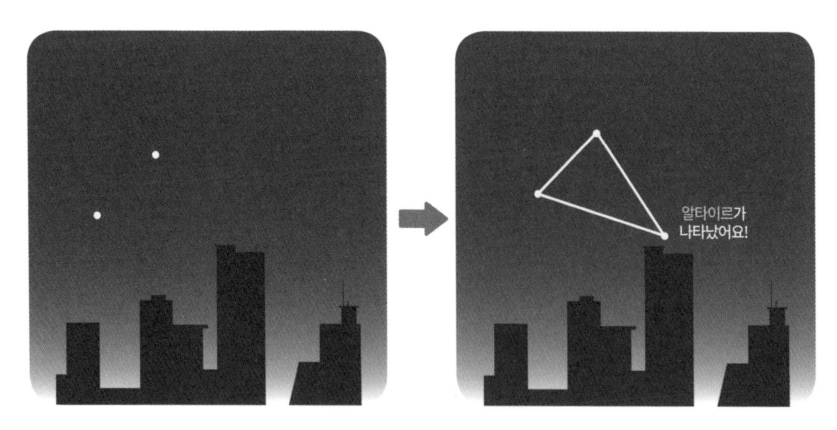

별은 시간이 지나면 움직여요.

이럴 때는 어떻게 해야 할까요? 방법 중 하나는 그냥 기다리는 거예요. 만약 다행히도 동쪽의 밤하늘이라면 시간이 지나면서 별들이 더 높이 솟아오르게 돼요. 그러면 오른쪽 그림처럼 건물에 가려져 있던 알타이르가 모습을 드러낼 거예요. 이제 대삼각형을 만들 수 있으므로 어떤 별인지 알 수 있어요. 시간이 지나면서 별들이 왜 움직이는지는 3부에서 다시 이야기할게요.

어떤 별인지 알아보는 또 다른 방법

그런데 별은 굉장히 천천히 움직여요. 그래서 별이 나타날 때까지 기다린다는 것은 시간이 얼마나 걸릴지 알 수 없기에 조금 난감할 수 있어요. 게다가 동쪽 하늘이면 시간이 지나면서 별이 위로 움직이겠지만, 서쪽 하늘이라면 별이 오히려 아래로 움직이기 때문에 기다려도 보이지 않아요. 그러므로 단순히 기다리는 것은 한계가 있어요.

또한 지금 있는 곳의 어두운 정도와 밤하늘 상태에 따라 그림보다 더 많은 별이 보일 수도 있고, 더 적은 별이 보일 수도 있을 거예요. 참고로 별의 밝기에는 겉보기 등급과 절대 등급이 있는데, 우리 같은 초보 관측자는 겉보기 등급만 알아도 돼요. 겉보기 등급은 숫자가 작을수록 별이 더 밝게 보인다는 것을 의미해요. 이 책에서는 겉보기 등급이 3등급 이상인 별은 도시에서 맨눈으로 잘 보이지 않는다는 가정하에 이야기하고 있어요.

이렇게 대삼각형을 이루는 별 중 일부가 보이지 않거나, 밤하늘 상태에 따라 평소보다 적거나 많은 별이 보여도 별이나 별자리를 찾을 수 있는

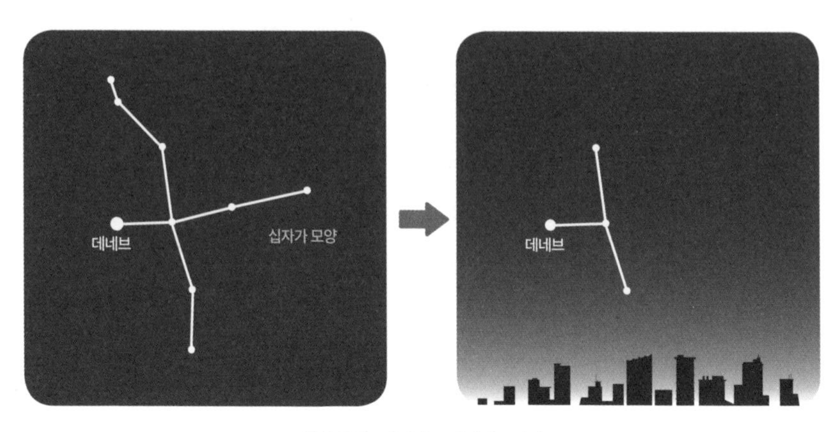

원래의 백조자리와 도시의 백조자리

또 다른 방법이 있어요. 우리는 지금 여름철 별자리인 거문고자리, 백조자리, 독수리자리를 살펴보고 있었어요. 이 3개의 별자리 중에 백조자리를 이루는 별들은 특징적이고 예쁜 모양이라는 점에 주목해 볼게요.

위 왼쪽 그림은 백조자리의 모습이에요. 백조자리는 정말로 백조가 하늘을 날고 있는 듯한 멋진 모양으로, 중심부가 십자가처럼 보이기도 해요. 앞서 살펴보았던 데네브는 백조의 꼬리에 해당하는 별이에요.

그런데 역시나 이렇게 백조자리를 이루고 있는 모든 별이 보이려면 주변이 어둡고 날씨가 맑아야 해요. 물론 여건이 좋으면 도시에서도 온전한 별자리를 볼 수 있겠지만 보통은 도시의 필터 효과로 인해 밝은 별만 보일 거예요. 그렇게 되면 백조자리 중심에 있는 십자가 모양도 다 보이지 않고 한글 모음 ㅓ 또는 알파벳 y처럼 보이기도 해요. 백조나 십자가 모양이 다 보이지 않더라도 이 정도면 충분히 알아볼 수 있어요.

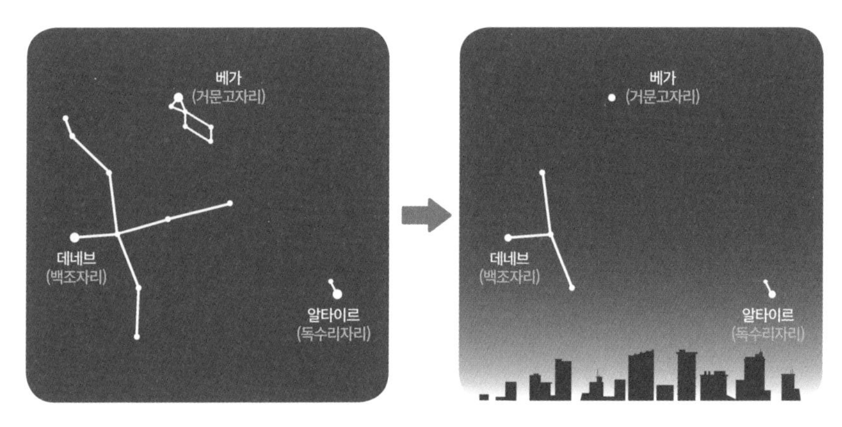

원래의 여름철 별자리와 도시의 여름철 별자리

도형과 모양으로 별자리 알아내기

백조자리는 위 왼쪽 그림처럼 여름철 별자리의 대삼각형 양쪽으로 크게 자리하고 있어요. 여기에 도시의 필터 효과가 적용되면 대삼각형과 백조자리는 위 오른쪽 그림과 같은 모습으로 보일 거예요. 이때 독수리자리의 알타이르 바로 옆에 별 하나가 더 보일 수도 있어요. 요약하면, 대삼각형을 이루는 세 별의 정체를 알고 싶을 때, 세 별 중 하나의 별 주변에 ㅓ 또는 y 모양이 보인다면 그 별이 바로 백조자리의 데네브라는 것을 알 수 있어요.

또한 22쪽 그림처럼 대삼각형을 이루는 별 중 하나인 알타이르가 건물에 가려지더라도 밝은 별 2개가 보이고 그중 하나가 주변의 별과 ㅓ 또는 y 모양을 이루고 있다면, 여러분은 더 밝은 별이 베가이고 ㅓ 또는 y 모양이 백조자리에 해당한다는 것을 알아낼 수 있을 거예요.

물론 밤하늘의 상태에 따라 백조자리의 별이 더 적게 보일 수도 있어

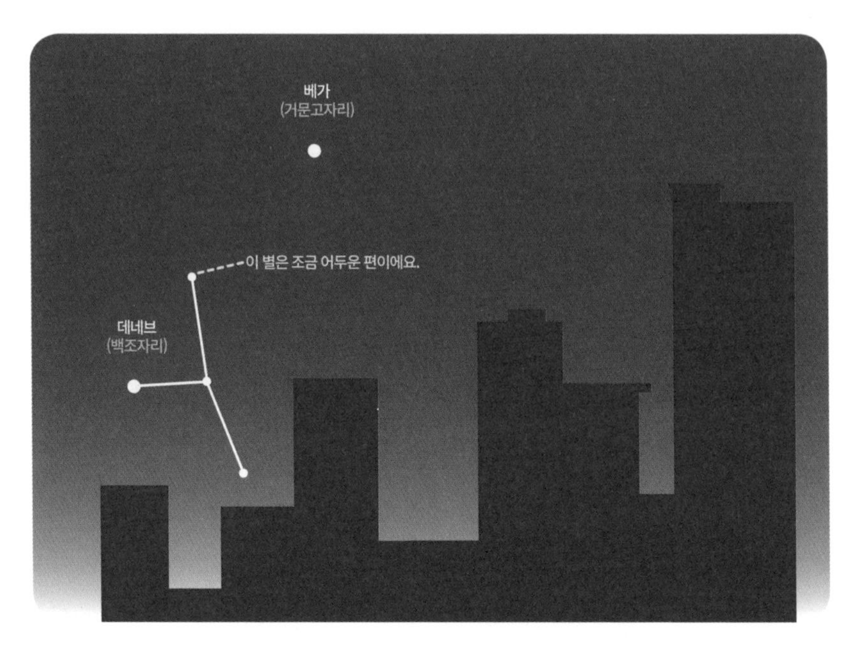

대삼각형이 보이지 않아도 특징을 알면 별자리를 찾을 수 있어요.

요. 그럴 때는 ㅓ 또는 y가 아니라 ㄱ 모양으로 보일지도 몰라요. 그러므로 백조자리처럼 기억하기 쉽고 특징적인 별자리는 모양을 어느 정도 익혀 두는 것이 좋아요. 그러면 일부분만 보이더라도 상상력을 동원해서 전체 모양을 그려 볼 수 있어요.

도시에서 별 찾기

여기서 중요한 건, 도시의 관측자들은 별자리의 자세한 모습을 다 기억할 필요가 없다는 점이에요. 예를 들어 백조자리의 경우 날개 끝을 이루는 별까지 다 파악할 필요가 없고 단지 십자가 모양 정도까지만 알고 있으면 돼요. 복잡하거나 어려워 보이는 별자리의 경우는 과감히 기억하지 않아도 돼요. 어차피 도시에서는 그 별자리의 전체 모습이 다 보이지도 않으니까요. 그래서 21쪽 그림에서는 독수리자리를 과감히 별 2개로 나타낸 거예요. 원래의 독수리자리는 더 많은 별이 넓게 자리하지만, 도시에서는 잘 보이지 않는 별이 대부분이어서 별로 중요하지 않아요. 앞으로 만나게 될 별자리에도 이와 같은 방식을 적용할 거예요. 이는 복잡한 별자리를 초보 관측자에게 알맞도록 쉽고 간단하게 만들어 줄 거예요.

04
북극성
찾기

앞에서 우리는 시간이 지나면 별들이 움직인다고 말했어요. 그런데 사실은 움직인다는 표현보다는 회전한다고 표현해야 해요. 밤하늘의 모든 별은 어떤 회전축을 중심으로 회전하고 있어요. 한 바퀴를 도는 데 걸리는 시간은 하루이고요.

그렇다면 이 회전의 중심이 되는 위치가 밤하늘 어딘가에 있을 거예요. 어떤 밝은 별이 바로 이 위치에 있다면 좋겠지만 아쉽게도 정확히 이 위치에 우리 눈에 띄는 밝은 별은 존재하지 않아요. 하지만 다행히도 이 중심과 매우 가까운 곳에 밝은 별 하나가 있어요. 사람들은 이 별에 북극성 또는 폴라리스라는 이름을 붙여 줬어요. 초보 관측자들은 이 별을 모든 별의 회전의 중심으로 생각해도 충분할 정도예요. 이번에는 이 북극성을 찾는 방법에 대해 알아볼게요. 그리고 왜 모든 별이 북극성을 중심으로 하루에 한 번 회전하는지는 3부에서 이야기할게요.

북극성은 작은곰자리에 속하는 별이에요. 그런데 작은곰자리는 특징 있는 모양도 아니고 밝은 별도 별로 없기 때문에 곧바로 이 별자리를 찾는 건 쉬운 일이 아니에요. 게다가 북극성은 베가만큼 밝은 별이 아니어서 바로 눈에 들어오지 않아요. 그러므로 작은곰자리 또는 북극성을 바로 찾기보다는 그 근처에서 밝으면서도 특징적인 모양의 별자리를 먼저 찾은 후에, 거기서부터 북극성을 찾아가는 것이 좋은 방법이에요. 이러한 주변 별자리로는 북두칠성과 카시오페이아자리가 있어요.

북두칠성으로 찾아가기

먼저 북두칠성부터 찾아볼게요. 북두칠성은 손잡이가 달린 국자처럼 생겼어요. 그런데 이렇게 7개의 별이 모두 보이면 좋겠지만 국자의 머리와 손잡이를 연결시키는 네 번째 별은 다른 별보다 어두운 편이에요. 그래서 도시의 필터 효과를 거치면 북두칠성은 아래 오른쪽 그림처럼 보여요.

이렇게 되면 북두칠성은 더 이상 국자 모양이 아니에요. 이제 북두칠

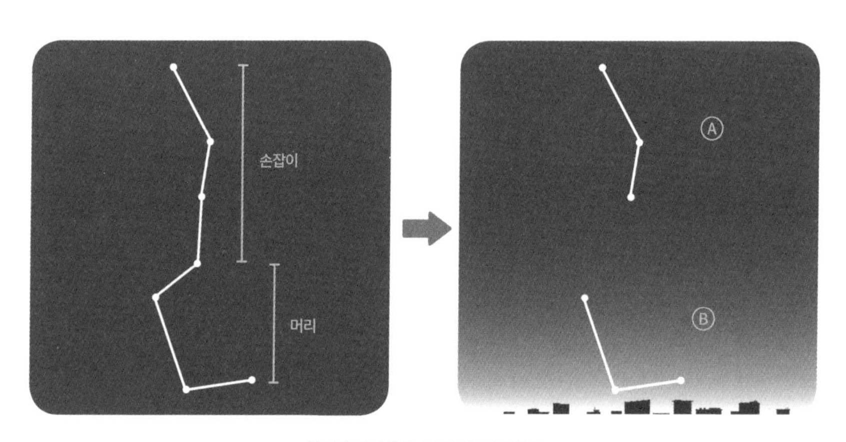

원래의 북두칠성과 도시의 북두칠성

성은 6개의 별만 보이고 각각 3개씩 짝을 지어서 2묶음으로 나누어진 모습이 돼요. 이때 원래 손잡이에 해당했던 부분의 별이 더 밝기 때문에 Ⓑ보다 Ⓐ가 밤하늘에서 더 눈에 띄어요. 그러므로 도시에서 북두칠성을 찾을 때는 Ⓐ 모양의 세 별을 먼저 찾은 후, 이 모양 주변에서 Ⓑ 모양을 찾는 게 쉬워요. 그런 후 Ⓐ와 Ⓑ를 연결시키는, 잘 보이지 않는 네 번째 별을 상상으로 떠올려서 전체적인 북두칠성의 모양을 그려 볼 수 있어요.

그런데 사실 북두칠성 자체가 별자리는 아니에요. 북두칠성은 굉장히 큰 별자리인 큰곰자리의 엉덩이와 꼬리 부분에 해당해요. 큰곰자리의 다른 별은 비교적 어두운 편이기 때문에 밝은 별로 이루어진 북두칠성만 눈에 띄어요.

그럼 이제 이 북두칠성을 통해서 북극성을 한번 찾아볼게요. 보통은 북두칠성의 Ⓑ 부분을 사용해서 북극성을 찾아요. Ⓑ에서 국자의 앞부분인 두 별의 길이만큼을, 국자로 물을 퍼올리는 방향으로 5번 정도 이동하면 그 근방에서 북극성을 찾을 수 있어요. 또는 Ⓑ의 세 별을 미끄럼틀처럼 생각할 수도 있어요. Ⓐ와 가까운 Ⓑ의 세 번째 별에서 두 번째 별로 미끄러져 내려온 후, 두 번째 별과 첫 번째 별의 간격만큼 5번 정도 이동하면 돼요.

이렇게 북극성을 찾을 때 한 가지 주의 사항이 있어요. 북극성에서 조금 거리가 떨어져 있기는 하지만 북극성 주변에는 북극성과 거의 비슷한 밝기를 가진 또 다른 별, 코카브가 있어요. 북극성과 함께 작은곰자리를 이루고 있는 별이에요. 가끔 이 별과 북극성이 헷갈릴 수 있어요. 이때는 한 번 더 방향과 이동 거리를 체크해서 북극성을 찾아야 해요.

그런데 북두칠성이 하늘에 낮게 떠 있을 때도 있어요. 이럴 때는 산

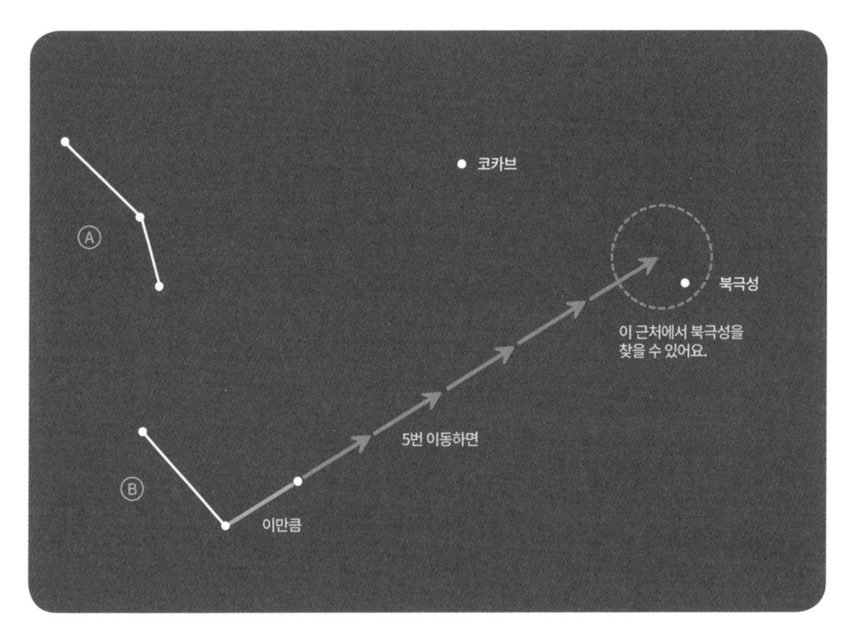

북두칠성의 국자 앞부분 길이만큼 5번 이동하면 북극성을 찾을 수 있어요.

이나 건물에 가로막혀서 북두칠성이 보이지 않기도 해요. 그러므로 북두칠성을 통해 북극성을 찾는 방법 말고도 또 다른 방법을 알아 둬야 해요.

카시오페이아자리에서 찾아가기

북극성 가까이에는 북두칠성도 있지만, 독특한 모양의 카시오페이아자리도 있어요. 다음 왼쪽 그림은 카시오페이아자리의 모습이에요. 카시오페이아자리는 알파벳 W 또는 숫자 3과 비슷해요. 그런데 아쉽게도 이 별자리의 다섯 번째 별은 다른 별보다 어둡기 때문에 도시에서는 오른쪽

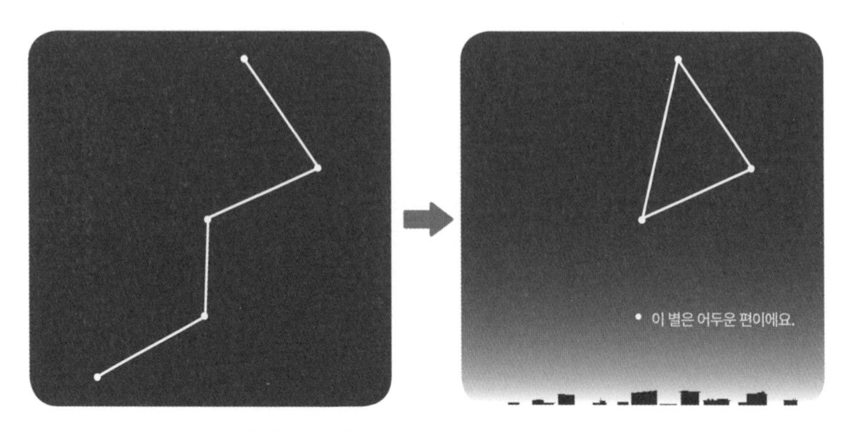

원래의 카시오페이아자리와 도시의 카시오페이아자리

그림과 같은 모습으로 보일 가능성이 커요. 이렇게 되면 카시오페이아자리는 별 5개가 아닌 별 4개로 보여요. 또한 카시오페이아자리의 네 번째 별 역시 다른 별에 비하면 조금 어두운 편이어서 나머지 3개의 별보다 눈에 덜 띄어요. 그래서 카시오페이아자리는 작은 삼각형 옆에 어두운 별 하나가 더 있는 모습으로 보여요.

그럼 잠시 이전에 보았던 여름철 별자리의 대삼각형과 카시오페이아자리의 삼각형을 비교해 볼게요. 여름철 별자리의 대삼각형은 3개의 별자리를 연결하는 도형으로, 굉장히 컸어요. 반면에 카시오페이아자리의 삼각형은 그저 하나의 별자리 중 일부이므로 대삼각형에 비하면 훨씬 작아요. 그리고 대삼각형은 거의 이등변 삼각형처럼 보이는 반면에 이 삼각형은 거의 정삼각형처럼 보여요.

카시오페이아자리를 이용해서 북극성을 찾는 방법을 하나 소개해 드릴게요. 카시오페이아자리의 W 모양에서 양쪽의 두 선을 다음 그림처럼 연장시키면 한 점에서 만나요. 이 가상의 교차점에서 W의 가운데 별까지

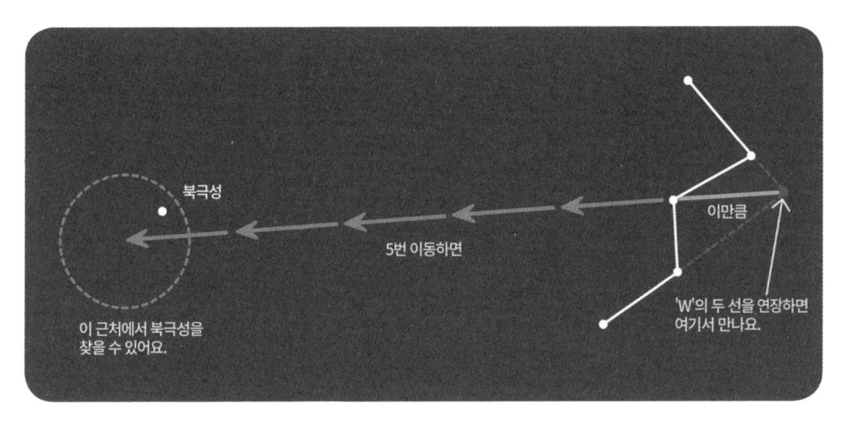

카시오페이아자리의 화살 길이만큼 5번 이동하면 북극성을 찾을 수 있어요.

의 길이만큼 5번 이동하면 그 근방에서 북극성을 찾을 수 있어요. 쉽게 생각하면 W 모양의 활에서 화살을 쏘는 것과 비슷해요.

이 방법을 사용하려면 카시오페이아자리를 이루는 5개의 별이 모두 보여야 해요. 그런데 앞서 이야기했듯 도시에서는 다섯 번째 별이 보이지 않을 때가 많아서 그대로 적용하기는 어려워요. 그렇다면 어떻게 해야 할까요? 앞의 방식을 조금 응용하면 돼요.

카시오페이아자리가 4개의 별만 보인다면 30쪽 그림처럼 보일 거예요. 여기서 3개의 별은 정삼각형에 가까운 모양이고 나머지 별은 좀 어둡게 보인다고 했어요. 그림에서 볼 수 있듯이 정삼각형의 세 변 중 어두운 별에서 가장 먼 쪽의 변이 있을 거예요. 이 변을 그림처럼 절반 정도 연장시킨 후에 그 끝점에서 삼각형의 나머지 별을 향해 선을 그리면 새로 그린 선이 앞에서 말한 화살이 돼요. 사실 눈대중으로 가늠해야 하므로 정확할 수는 없겠지만 그래도 이 방법이 북극성을 찾는 데 꽤 도움이 돼요. 이처럼 별자리를 이루는 별이 다 보이지 않더라도 포기하지 말고 상황에 맞게

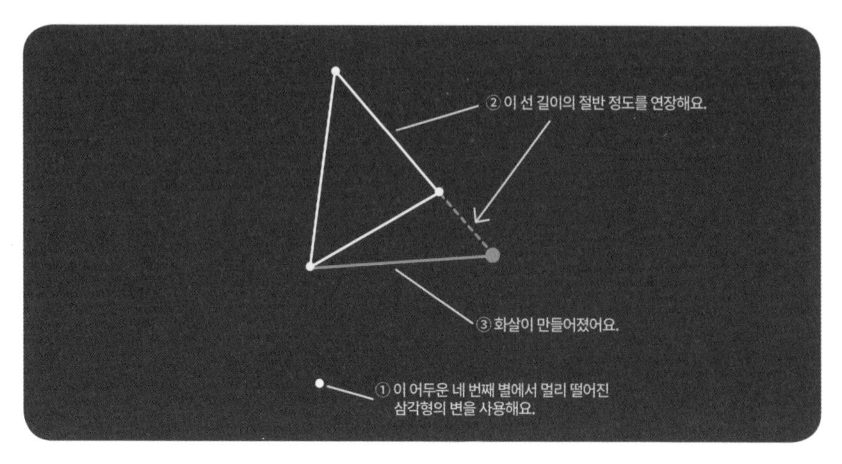

카시오페이아자리의 별이 다 보이지 않아도 북극성을 찾을 수 있어요.

별 찾는 공식을 만들어 볼 수 있어요.

이제 우리는 북두칠성과 카시오페이아자리를 이용해서 북극성을 찾는 방법을 알게 되었어요. 이 두 방법을 함께 적용할 수도 있어요. 이렇게 북극성을 찾으면, 우리가 바라보는 정면을 0도라고 하고 머리의 정수리 위 방향을 90도라고 했을 때, 중간에 해당하는 45도보다 약간 땅에 더 가까운 40도 정도에 북극성이 위치하고 있다는 것을 발견할 거예요. 이 북극성이 있는 방향이 바로 북쪽이에요. 그러므로 만약 나침반이 있다면 바늘이 가리키는 북쪽을 향해 시선을 돌린 후 대략 땅으로부터 40도 정도로 고개를 들고 바라보면 많이 밝지는 않지만 그래도 어느정도 은은하게 빛나고 있는 북극성을 찾을 수 있어요. 왜 땅으로부터 약 40도 정도에 북극성이 위치하는지 그리고 왜 북극성 방향이 북쪽 방향이 되는지는 3부에서 이야기할게요.

북두칠성과 카시오페이아자리는 북극성 근처에 서로 마주 보며 위치

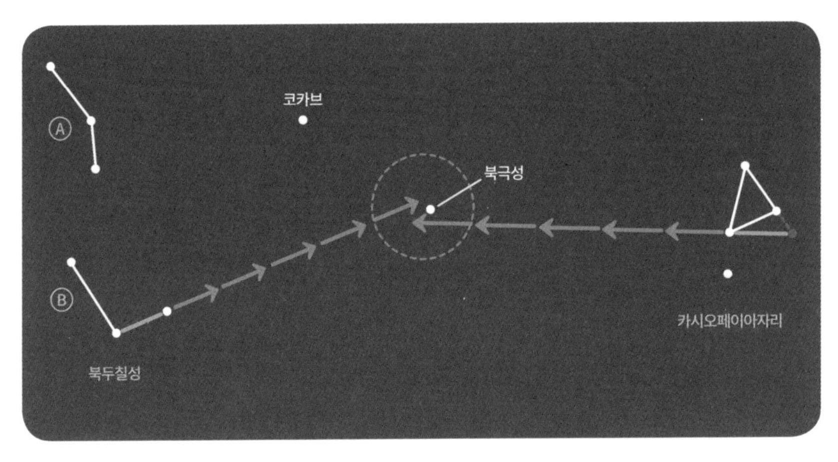

북두칠성과 카시오페이아자리의 중간에 북극성이 있어요.

하고 있어요. 시간이 지나면 모든 별은 이 북극성을 중심으로 회전하게 되므로 두 별자리도 북극성을 중심으로 회전해요. 엄밀히 말하면 북두칠성은 별자리가 아니지만요.

만약 북극성이 시계의 중심이라면 북두칠성이 9시에 있을 때 카시오페이아자리는 3시에 위치하게 돼요. 또한 북두칠성이 11시에 있다면 카시오페이아자리는 5시에 위치하게 될 거예요. 이처럼 북두칠성과 카시오페이아자리가 북극성을 중심으로 마주하고 있기 때문에 하나가 땅에 가까워서 잘 안 보인다면 또 다른 하나가 높게 떠 있게 돼요. 이로 인해 둘 중 하나는 밤하늘에서 보이게 되므로 거의 언제나 북극성을 찾는 것이 가능해져요.

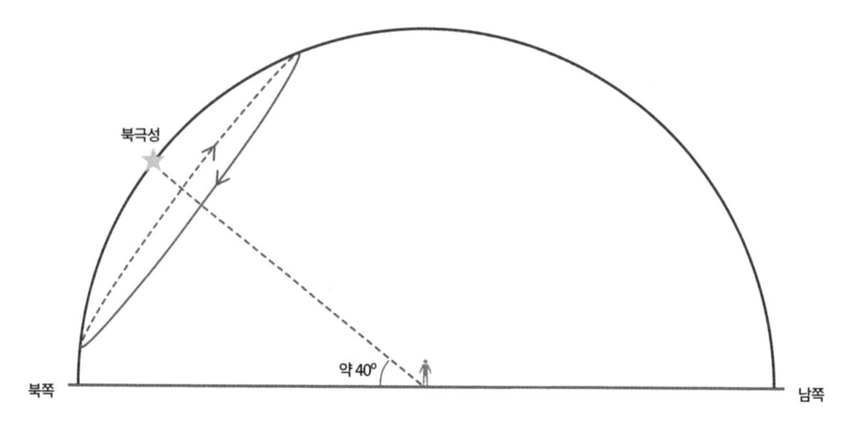

북극성은 땅에서 40도 정도 위에 있어요.

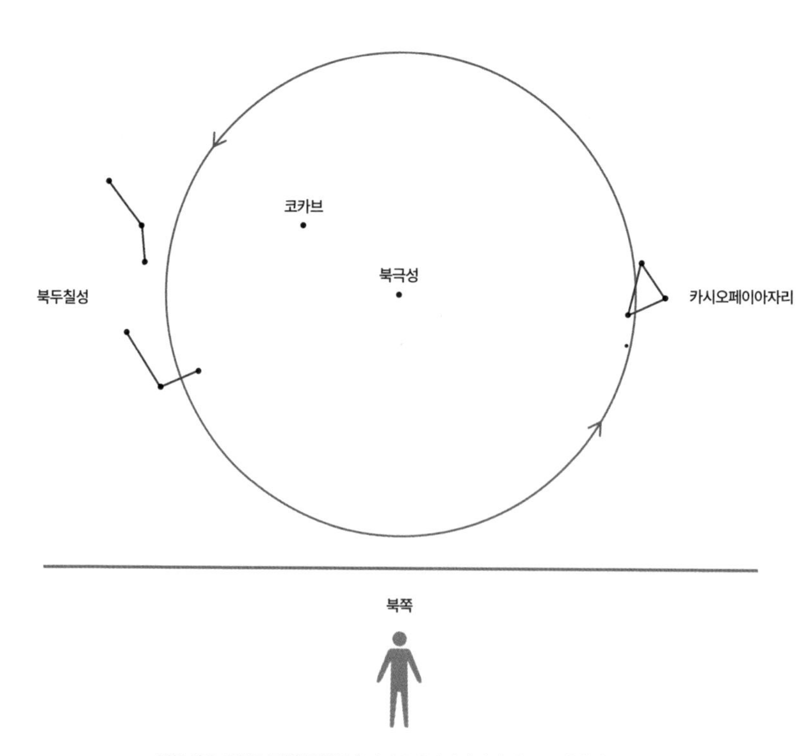

북극성을 중심으로 북두칠성과 카시오페이아자리가 마주 보며 회전해요.

한결같은 북극성

만약 여러분이 이번 장에 나온 방법으로 직접 북극성을 찾았다면 밤하늘의 모든 별이 이 북극성을 중심으로 회전하고 있다는 것과 이 북극성 방향이 북쪽이라는 것을 기억해 주세요.(물론 북극성이 정확히 회전축에 위치하지는 않으므로 북극성도 회전하게 되지만 초보 관측자는 이렇게 생각해도 괜찮아요.)

또한 여러분이 북극성을 찾은 장소에서는 언제라도 항상 같은 위치에 북극성이 있어요. 예를 들어 버스 정류장에서 봤을 때 북극성이 마트 건물 위에 있다면 10년 후에 버스 정류장에 와서 북극성을 찾아도 여전히 마트 건물 위에 있을 거예요. 그러므로 자주 가는 관측 장소가 있다면, 한 번만 북극성을 찾아 놓으면 언제나 북극성은 거기에 있으므로 다시 찾는 수고를 덜 수 있어요.

05
겨울철 별자리

이번에는 겨울철 별자리에 대해 알아보려고 해요. 겨울철 별자리에는 밝은 별이 많아서 맨눈으로 볼 때 사계절 중에 가장 멋져요. 밤하늘의 모든 별 중에서 가장 밝게 보이는 별도 있어요. 물론 밤하늘에서 가장 밝은 천체는 달이고, 그다음은 행성인 금성과 목성이지만 별 중에서 가장 밝은 별은 겨울에 떠요. 달과 행성은 뒤에서 다시 이야기할게요.

화려한 겨울 밤하늘

다음 그림은 도시에서 본 겨울철 별자리예요. 물론 환경에 따라 이보다 많은 별이 보일 수도, 이보다 적은 별이 보일 수도 있겠지만 다른 계절에 비해 겨울에는 많은 별이 보여요. 이제 이 그림을 바탕으로 겨울에는 어떤 별자리가 있는지 알아볼게요.

만약 우리나라에서 보이는 모든 별자리 중에 단 하나의 주인공을 꼽

도시의 겨울철 별자리

으라고 한다면 뭐니 뭐니 해도 겨울철 별자리인 오리온자리를 떠올리게 돼요. 왜냐하면 오리온자리는 별들이 놓인 모습이 정말 독특하고 아름답기 때문이에요.

오리온자리에는 2개의 밝은 별이 대각선상에 놓여 있어요. 하나는 베텔게우스, 다른 하나는 리겔이라는 이름의 별이에요. 그런데 베텔게우스를 주의 깊게 보면 주변의 별들과는 색깔이 조금 다르다는 것을 느낄 수 있어요. 그래서인지 오리온자리가 한층 더 아름답게 보여요.

별의 색깔

여기서 잠시 별의 색깔에 대해 이야기해야 할 것 같아요. 이 책에서는 가급적 별이 어떤 색깔로 보이는지 언급하지 않았어요. 다른 책이나 인터넷 자료에서는 붉은색, 푸른색 하는 식으로 별의 색깔을 정의하기도 해요. 하지만 저는 아무리 봐도 어떤 별은 어떤 색이라고 똑 부러지게 말하기가 쉽지 않았어요. 물론 망원경을 통해 보면 좀 더 선명하게 색깔을 구분할 수 있지만, 맨눈으로 보는 단계에서는 별이 어떤 색이라고 정의하는 게 일종의 선입견이 되는 것 같아요. 게다가 땅과 가까운 곳에서는 대기 상태에 따라 별이 무지개처럼 여러 색으로 변하면서 보일 수도 있어요. 그래서 어떤 색깔인지 정의하기보다는 여러분이 직접 별을 보고 어떤 색으로 느껴지는지 살펴보는 편이 좋을 것 같아요.

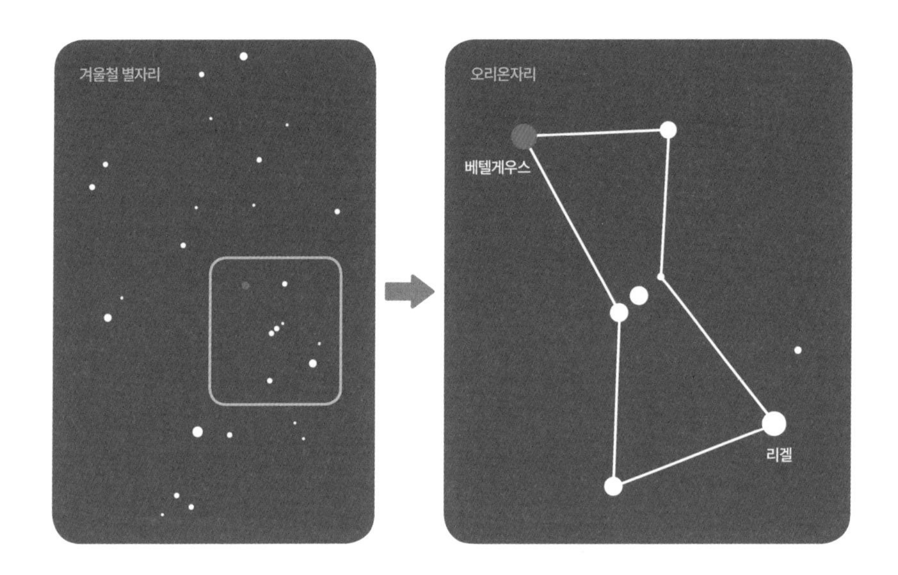

아름다운 오리온자리

다시 오리온자리 이야기를 해 볼게요. 베텔게우스와 리겔의 중간 위치에는 정말 예쁘게도 3개의 별이 일렬로 줄을 서 있어요. 오리온자리의 별들을 선으로 연결해 보면 이 별자리만의 독특한 모양이 만들어지는데 저는 악기인 장구 또는 모래시계가 떠오르더라고요. 여러분은 어떤 것이 떠오르나요?(그림에서 리겔 오른쪽 위에도 별 하나가 보이는데 사실 이건 오리온자리에 속하는 별이 아니라 바로 옆에 위치한 다른 별자리에 속하는 별이에요.)

오리온자리는 밤하늘에 떠 있기만 하다면 굳이 열심히 찾으려고 하지 않아도 보자마자 바로 눈에 들어오는 별자리예요. 그래서 겨울철 별자리를 살펴볼 때는 오리온자리를 먼저 찾은 후에 이 별자리를 기반으로 다른 별자리를 찾는 것이 큰 도움이 돼요.

큰개자리와 시리우스

별자리의 주인공이 오리온자리라면, 별 중의 주인공은 바로 큰개자리에 있는 시리우스예요. 시리우스는 태양을 제외한 별 중에 가장 밝아요. 물론 실제로 가장 밝은 별은 아니고 우리 지구에서 볼 때 가장 밝게 보이는 별이에요. 엄청나게 밝은 별도 우리와 멀리 떨어져 있으면 어두워 보일 수 있고, 약하게 빛나는 별도 우리 가까이 있으면 밝게 보여요. 그래서 만약 모든 별을 지구에서 같은 거리에 놓으면 별의 절대적인 밝기를 비교할 수 있을 거예요. 그렇게 비교한 것이 바로 절대 등급이에요.

큰개자리의 시리우스는 다음 그림에서 볼 수 있는 것처럼, 오리온자리의 베텔게우스에서 시작해 리겔을 향해 화살표를 그리며 이동한 후 이동 방향의 오른쪽으로 직각을 그리며 거의 똑같은 길이만큼 다시 한번 이

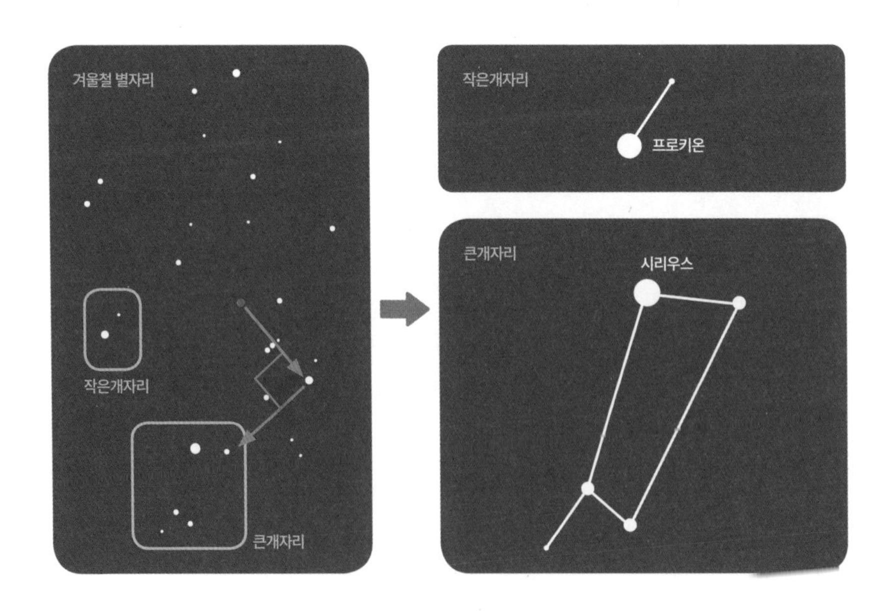

동하면 대략 도착점 근처에서 찾을 수 있어요. 베텔게우스는 색이 독특하므로 리겔과 쉽게 구분할 수 있을 거예요. 그리고 사실 시리우스는 워낙 밝기 때문에 겨울 밤하늘에서 행성을 제외하고 제일 밝은 천체를 찾으면 시리우스예요.

작은개자리와 프로키온

큰개자리가 있으니까 작은개자리도 있을 것 같아요. 작은개자리는 정말 조촐하게 별 2개만 보이는 별자리예요. 그래도 이 두 별 중 하나인 프로키온은 오리온자리의 베텔게우스만큼 밝아요. 다른 하나의 별은 상대적으로 어둡기 때문에 도시에서는 오직 프로키온만 보일 수도 있어요.

겨울철 별자리의 대삼각형

이렇게 3개의 겨울철 별자리 오리온자리, 큰개자리, 작은개자리를 살펴보았어요. 사실 이 별자리들에는 더 많은 별이 있지만 우리는 지금 도시에서 보일 법한 밝은 별 위주로 살펴보고 있다는 것을 기억해 주세요. 여름철 별자리에서 별자리마다 있는 밝은 별을 이어서 삼각형을 만들었던 것처럼, 지금 살펴본 겨울철 별자리도 밝은 별을 이어서 삼각형을 만들 수 있어요. 즉 오리온자리의 베텔게우스, 큰개자리의 시리우스, 작은개자리의 프로키온을 선으로 연결하면 겨울철 별자리의 대삼각형이 돼요.

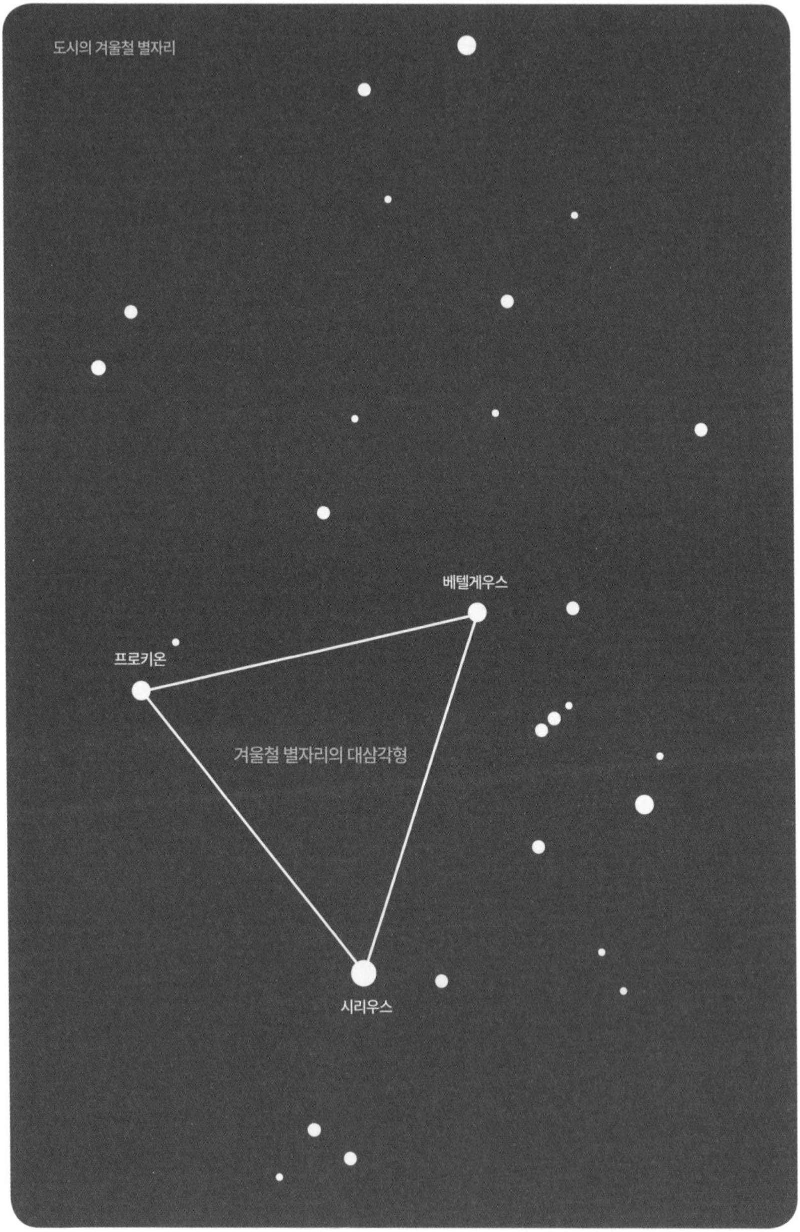

도시의 겨울철 별자리

베텔게우스

프로키온

겨울철 별자리의 대삼각형

시리우스

그런데 여름철 별자리의 대삼각형은 다른 별을 확인할 수 있는 기준점 역할을 했지만 겨울철 별자리의 대삼각형은 굳이 그런 역할을 하지는 않아요. 왜냐하면 워낙 오리온자리의 모양이 독특하고 시리우스가 밝기 때문에 보는 것만으로도 어떤 별인지 자연스럽게 알 수 있기 때문이에요. 다만 이렇게 밤하늘을 보면서 겨울철 별자리의 대삼각형을 그려 보면 정말 예쁜 모양이라는 걸 느낄 수 있을 거예요.

이제 나머지 3개의 겨울철 별자리를 더 만나 볼게요.

마차부자리

3부에서 자세히 다루겠지만 북극성 근처에 있는 별은 회전하더라도 지평선 아래로 내려가지 않아요. 하지만 북극성에서 멀리 떨어져 있는 별은 회전하다가 서쪽 땅 아래로 내려가고, 시간이 지나면 다시 동쪽에서 땅 위로 떠올라요.(여기서 동쪽은 북동쪽, 동쪽, 남동쪽을 모두 포함해요.) 마찬가지로 겨울철 별자리들도 지평선 아래로 내려갔다가 하나씩 동쪽에서 떠오르게 되는데, 겨울철 별자리를 이루는 별 중에서 가장 먼저 동쪽에서 밝게 떠오르는 별이 바로 마차부자리의 카펠라예요. 이 별은 여름철 별자리의 밝은 별인 베가와 밝기가 비슷해요. 겨울철 별자리 옆에는 가을철 별자리가 놓여 있는데, 가을철 별자리가 전체적으로 어둡기 때문에 카펠라가 동쪽에 보이게 되면 상대적으로 더 밝게 느껴져요. 카펠라가 떠오르면 이제 멋진 겨울철 별자리들이 하나둘 떠오르기 시작한다는 것을 의미하기 때문에 이 별이 더 반갑게 느껴지기도 해요.

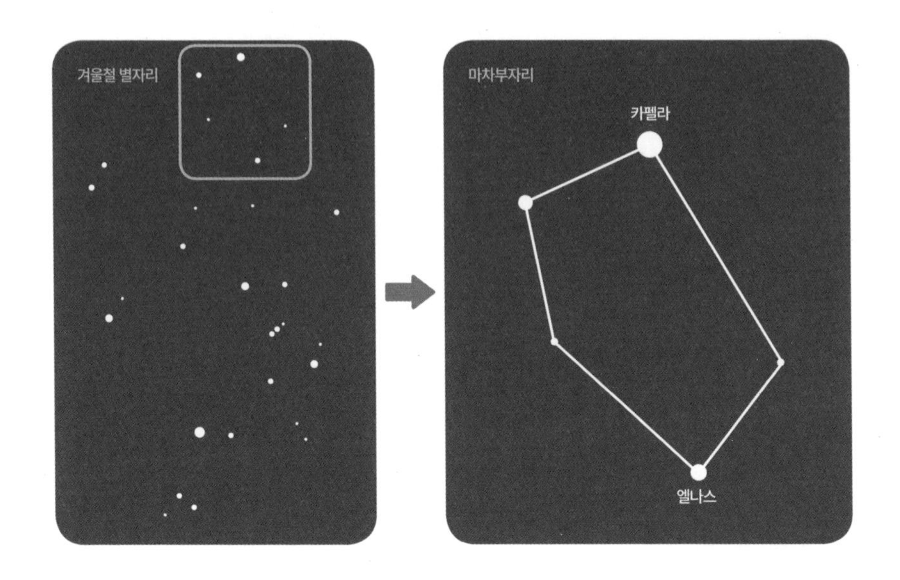

사실 마차부자리는 오각형 모양이지만 2개의 별이 다른 별보다 어둡기 때문에 도시에서 굳이 마차부자리를 보면서 오각형을 그려 보려고 노력할 필요는 없어요. 단지 카펠라만 보여도 충분해요. 다만 마차부자리에는 엘나스라는 별이 있는데 이 별은 마차부자리의 오각형을 만드는 데 사용되지만 사실은 황소자리에 속하는 별이에요. 초보 관측자들은 마차부자리와 황소자리가 공유하고 있는 별이라고 생각해도 괜찮아요.

황소자리

이번에는 오리온자리의 리겔에서 시작해 베텔게우스를 향해 화살표를 그리며 이동한 후, 이동 방향의 오른쪽으로 직각을 그리며 거의 똑같은

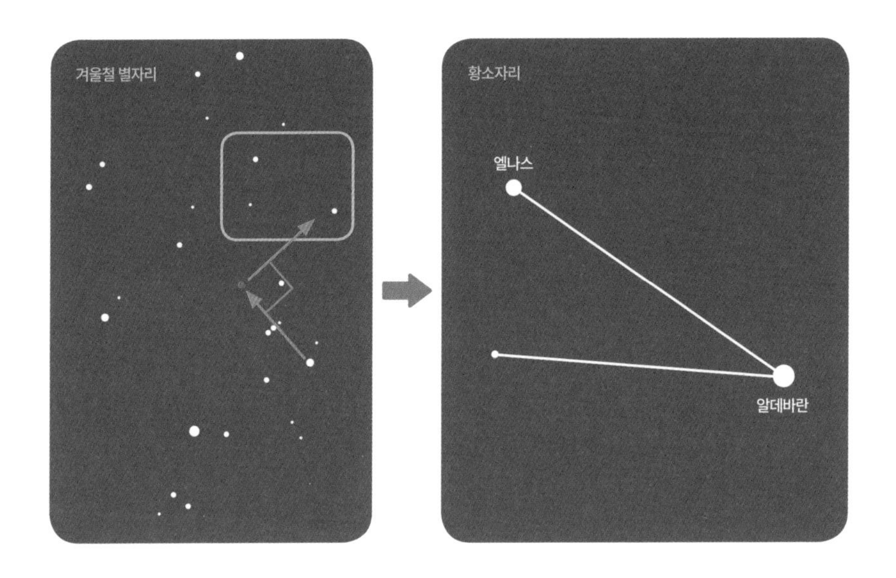

길이만큼 다시 한번 이동해 볼게요. 그러면 대략 도착점 근방에서 황소자리의 알데바란을 만날 수 있어요.

마찬가지로 황소자리를 이루는 별은 더 많지만 도시에서는 3개의 별로 보여요. 별 3개라면 삼각형을 그릴 수도 있을 텐데 이번에는 별자리 선을 2개만 그리고 삼각형을 완성시키지 않았어요. 왜 그럴까요? 그것은 바로 황소자리이기 때문이에요. 황소는 2개의 뿔이 있어요. 만약 알데바란을 황소의 눈이라고 생각한다면 알데바란이 있는 곳이 황소의 머리 부분이므로 머리에 달린 2개의 뿔을 위의 그림처럼 2개의 선으로 나타낼 수 있어요. 사실 삼각형을 그려도 되지만 이렇게 2개의 선으로 생각하면 별자리 이름과 모양을 연결시킬 수 있기 때문에 별자리를 기억하는 데에도 도움이 되고 별자리를 보면서 황소의 두 뿔을 상상해 보는 재미도 있어요.

두 뿔 중 하나인 엘나스는 앞서 보았던 마차부자리와 함께 공유하고 있는 별이에요. 엘나스가 아닌 다른 뿔에 해당하는 별은 조금 어두운 편이기 때문에 밤하늘의 상태에 따라 도시에서는 오직 엘나스만 보일 수도 있어요. 그러면 외뿔 달린 황소로 보이겠지요.

쌍둥이자리

이제 마지막으로 여섯 번째 겨울철 별자리인 쌍둥이자리를 만나 볼게요. 쌍둥이자리는 좀 더 밝은 별인 폴룩스와 이보다는 조금 어두운 별인 카스토르로 이루어져 있어요. 황소자리와 마찬가지로 그림에서 쌍둥이자리에 보이는 4개의 별을 사각형으로 만들지 않고 2개의 선으로만 나타낸 이유는, 이렇게 생각할 때 이 별자리의 이름대로 쌍둥이의 모습을 떠

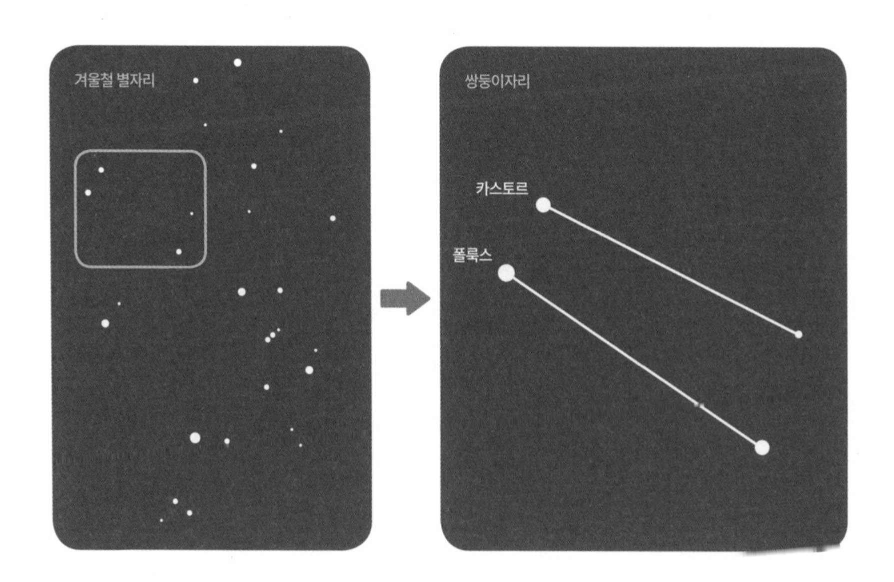

올릴 수 있기 때문이에요. 폴룩스와 카스토르 각각을 쌍둥이의 머리라고 생각하면 그 아래로 각각 쌍둥이의 발에 해당하는 별이 있다고 볼 수 있어요. 실제로 카스토르의 발은 좀 어두운 편이라서 도시에서는 보이지 않을 수도 있어요. 쌍둥이자리는 쌍둥이의 머리인 폴룩스와 카스토르만 찾아도 충분해요.

겨울철 별자리의 육각형

이렇게 해서 겨울철 별자리 6개(오리온자리, 큰개자리, 작은개자리, 마차부자리, 황소자리, 쌍둥이자리)를 모두 살펴보았어요. 앞에서는 이 중 3개의 별자리에 속하는 별들을 사용해 삼각형을 그려 보았는데, 이번에는 별자리 6개에서 가장 밝은 별을 모두 연결해서 육각형을 만들어 볼 거예요. 6개의 별은 마차부자리 카펠라, 황소자리 알데바란, 오리온자리 리겔, 큰개자리 시리우스, 작은개자리 프로키온, 쌍둥이자리 폴룩스예요. 작은 종이가 아닌 넓고 커다란 밤하늘에 큰 육각형을 그리면 그 느낌이 참 남달라요. 이 커다랗고 아름다운 도형을 겨울철 별자리의 육각형이라고 해요.

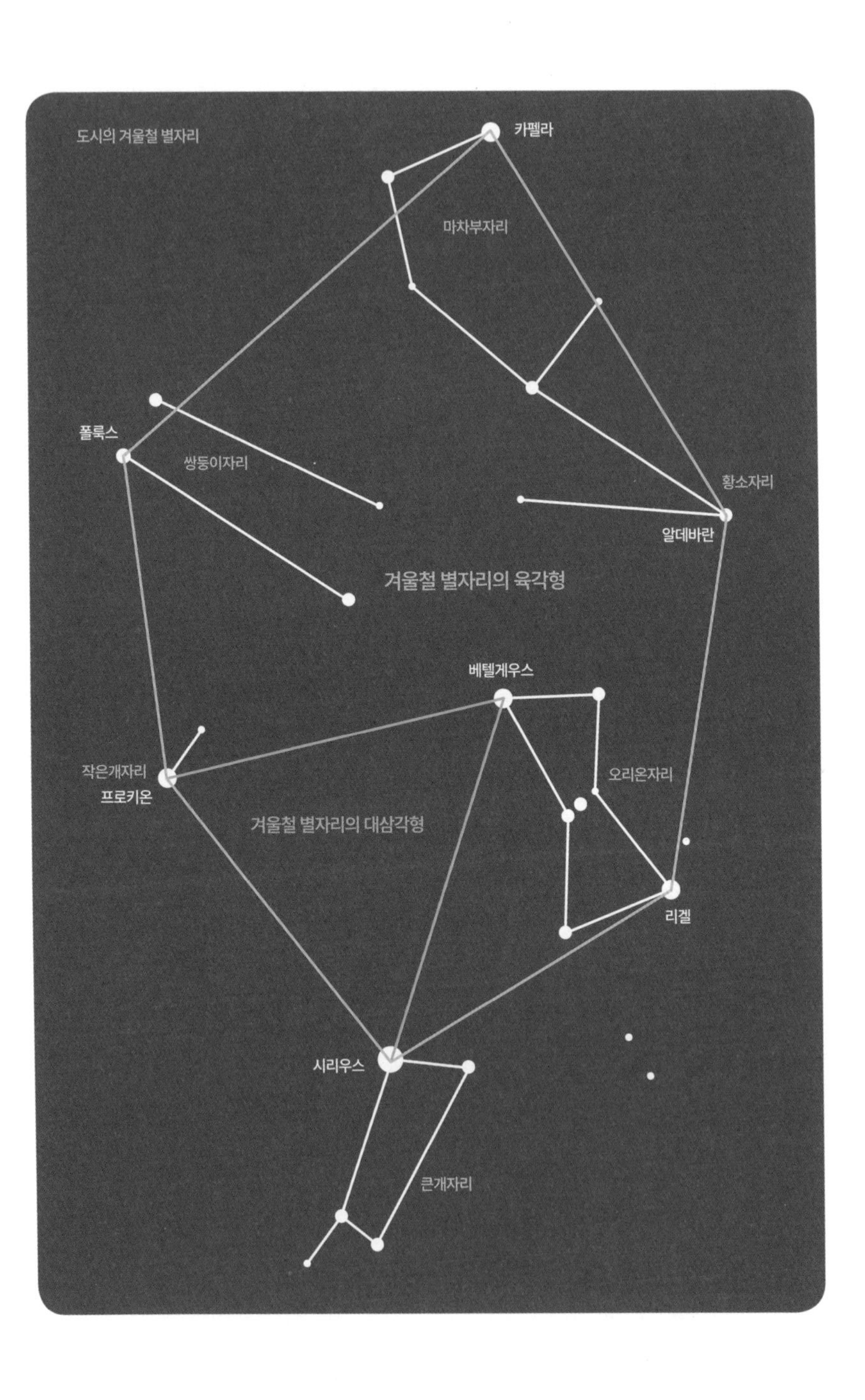
도시의 겨울철 별자리
카펠라
마차부자리
폴룩스
쌍둥이자리
황소자리
알데바란
겨울철 별자리의 육각형
베텔게우스
작은개자리
프로키온
오리온자리
겨울철 별자리의 대삼각형
리겔
시리우스
큰개자리

06
봄철 별자리

우리는 앞에서 여름철 별자리와 겨울철 별자리를 살펴보았어요. 이제 여름과 겨울 사이에 있는 봄철 별자리와 가을철 별자리가 남았어요. 그럼 먼저 봄철 별자리부터 만나 볼게요.

봄철 별자리에서 밝은 별을 품고 있는 별자리로는 목동자리, 처녀자리, 사자자리가 있어요. 다른 봄철 별자리도 있지만 우리 도시 관측자들은 이 3개의 별자리만 알아도 충분해요.

목동자리와 처녀자리

목동자리의 아르크투루스는 봄철 별자리에서 가장 눈에 띄는 별이에요. 이 별은 여름철에 볼 수 있는 베가만큼 밝아요. 봄철 별자리에는 밝은 별이 많지 않기에 하늘에서 아르크투루스 혼자 빛나는 것처럼 보여서 상대적으로 더 밝게 느껴지기도 해요. 그래서 행성이라고 착각할 여지도 있어요.

처녀자리에는 스피카라는 별이 있어요. 스피카는 아르크투루스보다는 어둡지만 다른 별보다는 밝은 편이에요. 스피카 외에는 어두운 별만 있어서 도시에서 처녀자리를 보면 거의 스피카만 보일 가능성이 높아요.

초보 관측자들에게 목동자리와 처녀자리의 모양은 크게 중요하지 않아요. 목동자리에는 아르크투루스, 처녀자리에는 스피카. 이렇게 2개의 별만 알아도 충분해요.

사자자리

하지만 사자자리는 달라요. 이 별자리 역시 도시에서 보면 보통은 전체 모습이 다 보이지 않지만, 원래의 사자자리는 정말 멋진 모습이에요. 왼쪽 그림을 보면 정말 사자의 모습이 보이는 것 같아요.

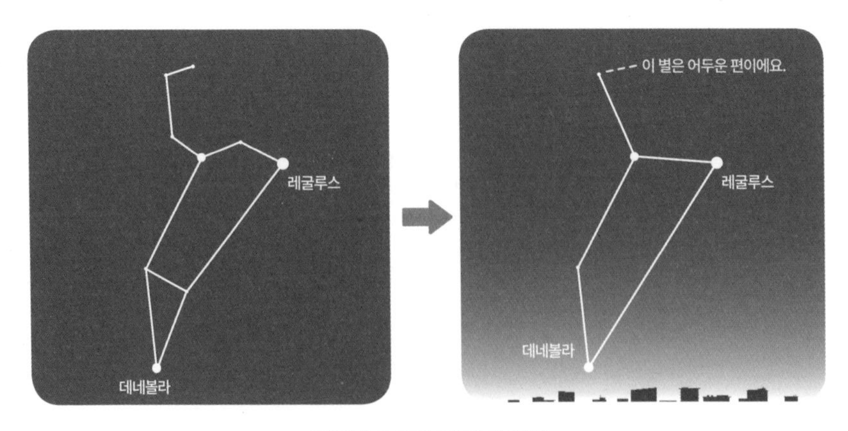

원래의 사자자리와 도시의 사자자리

사자자리에서 가장 밝은 별은 사자의 앞에 위치하는 레굴루스예요. 이 레굴루스에서 물음표를 옆으로 뒤집은 모양이 사자의 머리예요. 다음으로 밝은 별은 사자의 뒤에 위치하는 데네볼라예요. 뭔가 이름이 익숙한 느낌인데요, 여름철 별자리의 백조자리에서도 데네브라는 별이 있었어요. '데네브'라는 말은 '꼬리'를 의미해요. 그래서 데네브는 백조의 꼬리에 있는 별이었고, 지금 보는 데네볼라도 사자의 꼬리에 있는 별이에요.

도시가 아닌 어두운 곳에서는 왼쪽 그림처럼 멋진 사자의 모습이 보이겠지만, 도시에서는 어두운 별들이 사라지고 오른쪽 그림처럼 보일 가능성이 커요. 다른 별들은 그렇게 중요하지 않지만 레굴루스와 데네볼라는 기억해 주세요. 더 밝은 별이 레굴루스라는 것도요. 이 두 별을 통해 보이지 않는 전체 사자자리의 모습을 상상하며 그려 볼 수 있어요.

아름다운 봄철 별자리의 대곡선

봄철 별자리는 북두칠성을 통해서 그 위치를 알 수 있어요. 앞에서 북두칠성은 네 번째 별이 잘 보이지 않아서 두 부분으로 나뉘고, 이 두 부분 중 손잡이 부분이 더 잘 보인다는 것을 알아보았어요. 이 손잡이에서부터 국자 앞부분이 아닌 뒤쪽으로 쭉 가상의 곡선을 그려 나가면 목동자리의 아르크투루스를 만나고, 더 나아가면 처녀자리의 스피카도 만나요. 이 곡선을 봄철 별자리의 대곡선이라고 해요.

하지만 이 곡선이라는 것이 상당히 애매해요. 곡선을 얼마나 휘어지게 그려야 하는지 정확히 알지 못하기 때문이에요. 그러므로 이 곡선은 단

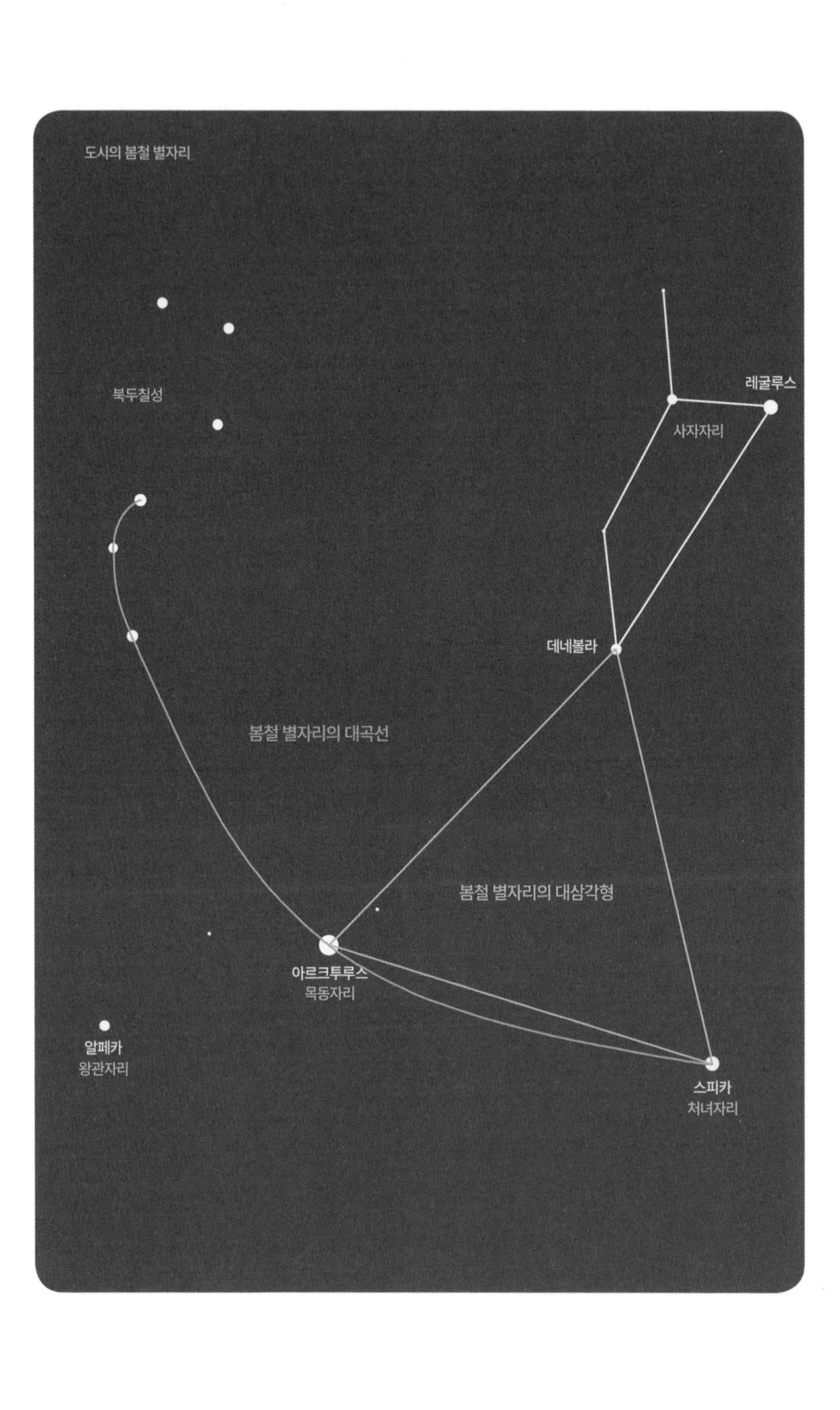

도시의 봄철 별자리
북두칠성
레굴루스
사자자리
데네볼라
봄철 별자리의 대곡선
봄철 별자리의 대삼각형
아르크투루스
목동자리
알페카
왕관자리
스피카
처녀자리

지 가이드라인일 뿐이고 우리는 아르크투루스가 봄철 별자리를 이루는 별 중에서 가장 밝은 별이라는 걸 기억해야 해요. 곡선은 대충 그리되 밝은 별인 아르크투루스를 찾기 위해 주의를 기울이면 돼요.

봄철 별자리의 대삼각형

이처럼 아르크투루스와 스피카를 찾았다면 곡선의 안쪽 방향에서 사자자리의 데네볼라를 찾을 수 있어요. 이 데네볼라와 아르크투루스, 그리고 스피카는 봄철 별자리의 대삼각형을 만들어요. 또한 사자의 꼬리인 데네볼라에서부터 곡선의 안쪽으로 좀 더 나아가면 사자의 앞부분에 해당하는, 데네볼라보다 밝은 별인 레굴루스를 찾을 수 있어요.

이렇게 해서 3개의 봄철 별자리와 이 별자리에 속하는 몇 개의 중요한 별을 살펴보았어요. 봄철 별자리의 대곡선과 봄철 별자리의 대삼각형은 봄철 별자리를 쉽게 찾을 수 있게 도와주고, 전체적인 별자리의 위치를 파악할 수 있게 해 주는 유용한 도형이에요.

왕관자리의 알페카

봄철 밤하늘을 보다 보면 아르크투루스 주변에 별 하나가 더 눈에 띌 수 있어요. 이 별은 목동자리가 아닌 왕관자리의 알페카예요. 아르크투루스 옆에 있는 별, 알페카도 기억하면 좋아요.

07
가을철 별자리

이번에는 마지막으로 남은 계절 별자리인 가을철 별자리를 살펴볼게요. 그런데 아쉽게도 가을철 별자리에는 다른 별자리들처럼 눈에 띄게 밝은 별이 존재하지 않아요. 가을에 날씨가 맑으면 별이 잘 보여야 하는데 밝은 별이 별로 없어서 잘 안 보인다니, 조금 아이러니하죠. 그래서 다른 계절 별자리들과 비교해 보면 조금 심심해 보일 수도 있어요. 특히 초보 관측자들에게는 상대적으로 다소 어렵게 느껴질 수 있어요.

그렇지만 가을철 밤하늘에는 정말 유명하고 멋진 천체, 안드로메다은하가 숨어 있어요. 존재만으로도 웅장한 이 천체는 다음 2부에서 만나 보도록 하고, 이번에는 가을철 별자리에 대해 알아볼게요.

페가수스자리

가을철의 대표적인 별자리로는 페가수스자리가 있어요. 페가수스는 하늘을 나는 말이에요. 어떤가요? 아래 왼쪽 그림에서 말의 모습이 보이나요? 일단 그림에서 사각형을 찾을 수 있을 거예요. 이 사각형이 말의 몸통이에요. 페가수스자리가 가을철 별자리를 대표하게 된 이유가 바로 이 사각형 때문인데, 이 사각형을 가을철 별자리의 대사각형이라고 해요.

이 사각형 몸통에 말의 앞다리가 붙어 있고, 말의 머리에 해당하는 에니프라는 별도 놓여 있어요. 페가수스는 원래 날개가 달린 말이지만 별자리에서는 아쉽게도 날개가 보이지 않아요. 또한 이 말은 밤하늘을 거꾸로 뒤집힌 채로 달리고 있어요.

도시에서는 페가수스자리가 오른쪽 그림처럼 보일 거예요. 그런데 이렇게 보이는 별들도 그다지 밝지는 않아서 그저 은은한 별 몇 개가 떠 있는 정도로만 보일 수도 있어요. 대부분의 책에서는 페가수스자리의 사각형을 찾으라고 하지만 실제로 도시에서 사각형을 찾기란 쉽지 않아요. 눈에 띌 만큼 밝은 별이 아닌 데다가 그중 하나의 별이 특히 어둡기 때문이에요.

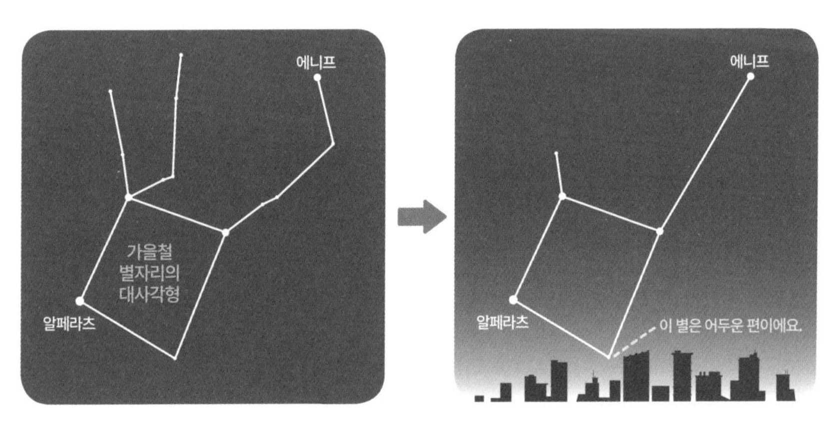

원래의 페가수스자리와 도시의 페가수스자리

그렇다면 우리는 이 사각형을 어떻게 찾을 수 있을까요? 이번에도 주변에 놓인 별자리와 함께 보는 것이 도움이 돼요. 사실 페가수스자리의 말은 뒷다리 부분이 없어요. 하지만 뒷다리가 있어야 할 자리에 위치한 별자리가 있어요. 이 별자리가 바로 안드로메다자리예요.

2부에서 더 자세히 이야기하겠지만, 아마 이 별자리의 이름인 안드로메다는 여러분이 많이 들어 본 익숙한 이름일 거예요. 안드로메다자리는 비슷한 밝기의 별인 알페라츠, 미라크, 알마크로 이루어져 있어요. 그런데 여기서 알페라츠는 페가수스자리에서 사각형을 이루는 별이었어요.

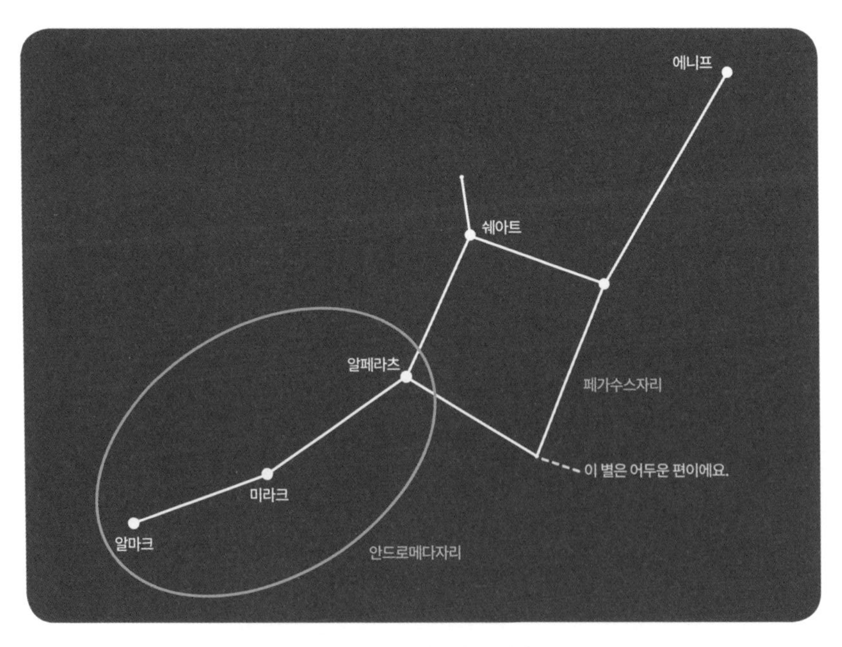

안드로메다자리와 페가수스자리

엄밀히 말하면 알페라츠는 페가수스자리가 아니라 안드로메다자리에 속하지만 우리는 그저 두 별자리가 공유하고 있는 별이라고 생각해도 돼요. 겨울철 별자리의 마차부자리와 황소자리가 엘나스를 공유했던 것처럼요.

안드로메다자리의 알페라츠, 미라크, 알마크는 밝기도 비슷하고 떨어져 있는 간격도 비슷해요. 그런데 이와 비슷한 간격으로 한 번 더 나아가면 페르세우스자리의 별, 미르팍을 만날 수 있어요. 페르세우스자리에서는 미르팍과 알골이 밝은 별인데, 사람들은 알골을 메두사의 번쩍이는 눈으로 생각하기도 해요.

페가수스자리와 안드로메다자리, 그리고 이어서 페르세우스자리까지 가을철 별자리를 한꺼번에 나타내 보면 아래 그림처럼 보일 거예요.

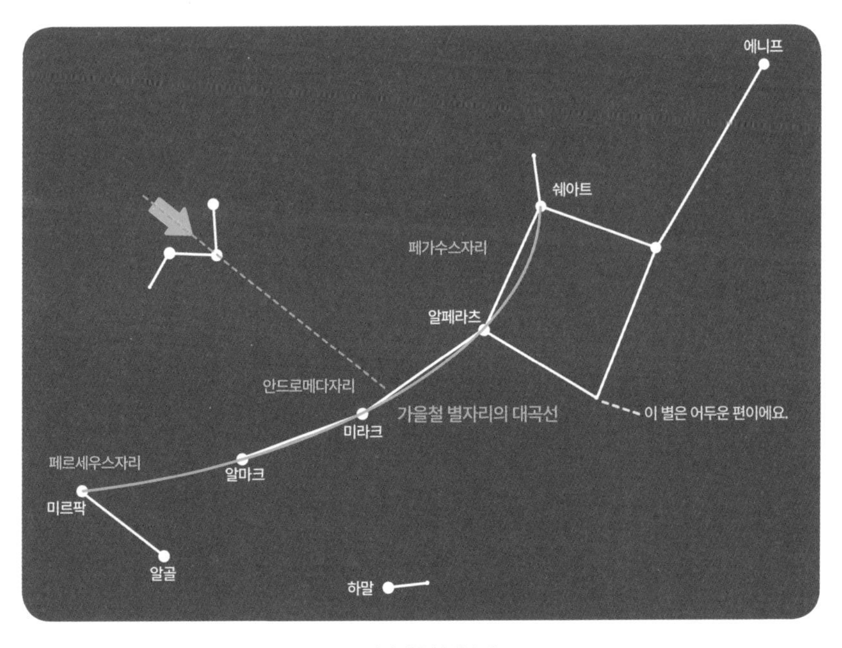

도시의 가을철 별자리

카시오페이아자리로 가을철 별자리 찾기

그런데 그림에서 왼쪽 위에 익숙한 별자리가 보여요. 바로 카시오페이아자리예요. 원래는 W 모양이어야 하지만 도시에서는 다섯 번째 별이 잘 보이지 않는 편이에요. 우리는 앞서 이 카시오페이아자리를 통해서 북극성을 찾을 수 있었어요. 그런데 이 별자리로 가을철 별자리를 찾을 수도 있어요. 이번에는 북극성을 찾았던 것과는 거의 반대 방향이 되는데 카시오페이아자리의 밝은 별 3개를 그림처럼 화살표의 앞머리라고 생각해 보는 거예요. 이렇게 떠올린 화살표의 방향대로 따라가다 보면 안드로메다자리의 중간 별인 미라크를 찾을 수 있어요. 비록 화살표가 정확하게 미라크를 가리키지는 않지만 어느 정도는 감을 잡을 수 있을 거예요. 이 미라크를 중심으로 전체적인 가을철 별자리들의 위치를 추측할 수 있어요.

페가수스자리에서 페르세우스자리까지. 쉐아트에서 알페라츠, 미라크, 알마크를 지나 미르팍까지. 가을 밤하늘에는 거의 비슷한 밝기의 별 5개가 비슷한 간격으로 떨어져 있어요. 이 별들을 이어 곡선을 그리면 가을철 별자리의 대곡선이라는 이름을 붙일 수 있을 것 같아요. 원래 가을철 별자리의 대곡선이라는 말은 따로 없지만 가을철 별자리에도 곡선을 그리면 위치를 더 쉽게 알 수 있어요. 카시오페이아자리를 통해 미라크를 찾고, 그 양쪽으로 2개씩 별들을 찾으면 별자리의 위치를 파악할 수 있으니까요.(그림의 아래쪽에 보이는 하말은 양자리에 속하는 별이에요.)

이렇게 사계절 별자리를 모두 살펴보았어요. 밤하늘 전체에는 총 88개의 별자리가 있어요. 하지만 도시에 살고 있는 우리는 20개 정도의 별자리만 알아도 충분해요. 마찬가지로 밤하늘에 떠 있는 수많은 별 중에 20개 정도의 별만 알아도 충분해요. 어때요? 조금 마음이 가벼워졌죠? 취미는 재미있게 즐기는 것이 좋으니까요.

2부

성운, 성단, 은하
숨어 있는 보석들

01
보물지도 별자리

우리는 1부에서 계절별로 어떤 별자리가 있고 밝은 별은 무엇이 있는지 살펴보았어요. 그런데 여러분에게 조금 황당할 수도 있는 질문을 해 볼게요.

"우리는 왜 이 별자리와 별을 알아본 걸까요?"

단지 별이 예뻐서, 별자리 모양이 재밌어서 알아본 걸까요? 아마 그렇지는 않을 거예요. 수많은 별이 보이는 환경이 아니라면 도시에서 보이는 별과 별자리에서 그렇게 큰 감흥을 얻기는 어려워요. 사실 우리가 별자리를 알아본 이유는, 이 별자리와 밝은 별을 토대로 밤하늘에 숨어 있는 아름다운 보석을 찾을 수 있기 때문이에요. 별자리와 별은 하늘의 지도 역할을 한다고 볼 수 있어요.

여러분은 만화나 영화에서 주인공이 보물을 찾으러 여행을 떠나는 것을 본 적이 있을 거예요. 이때 주인공이 갖고 있어야 할 필수적인 아이템이 바로 보물이 어디에 숨어 있는지를 알려 주는 보물 지도예요.

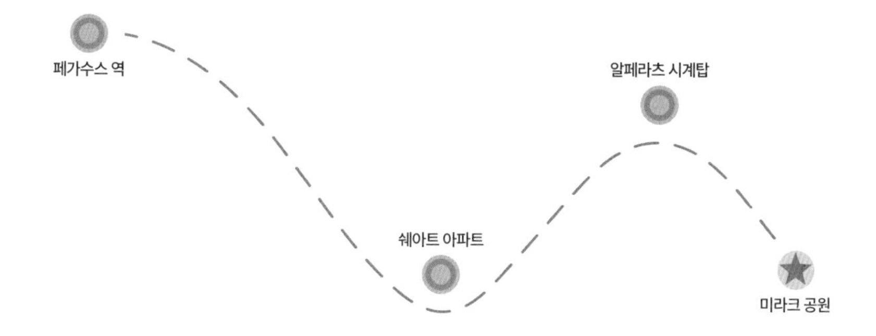

이번에는 여러분이 직접 영화의 주인공이 되었고 보물 지도를 획득했다고 가정해 볼게요. 이 지도를 보고 보물을 찾아가려면 일단 '페가수스 역'에서 내려야 해요. 그리고 '쉐아트 아파트'를 지나 '알페라츠 시계탑'을 지나면 '미라크 공원'에 도착하게 돼요. 지도에 표시된 위치인 미라크 공원에서 우리는 숨겨진 보물을 발견할 수 있을 거예요.

똑같은 방법을 밤하늘에 그대로 적용할 수 있어요. 그럼 지금부터 별자리와 별을 지도 삼아 밤하늘에 숨겨진 아름다운 보석을 차례차례 찾아볼게요.

02

별자리로 보물 찾기

1부에서 보았던 겨울철 별자리 중 황소자리를 살펴볼게요. 지금부터는 이 별자리 그림을 보물 지도라고 생각해 보세요. 이번에는 황소자리의 알데바란 오른쪽 위에 빨간 표시가 있어요. 그림에서 볼 수 있듯이 오리온자리

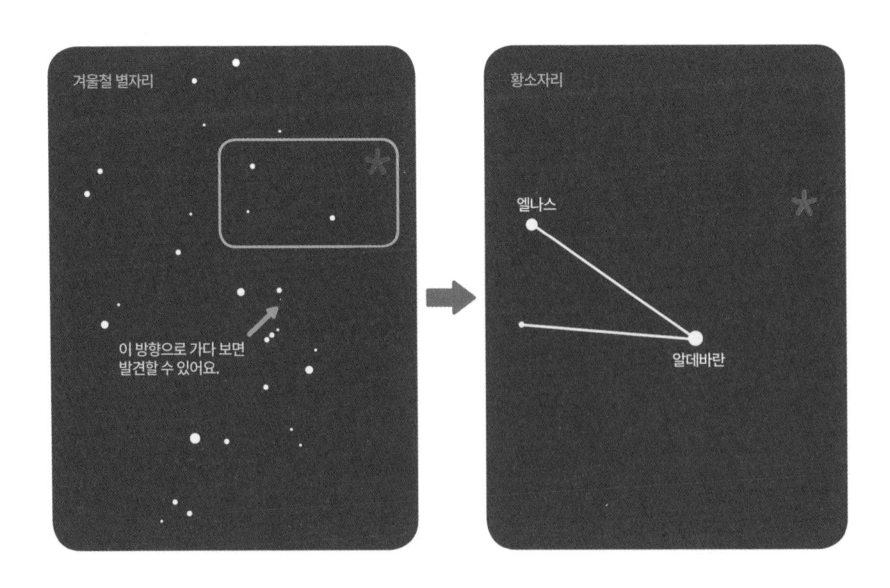

의 가운데 세 별이 만드는 직선을 따라 나아가다 보면 이 보석을 발견할 수 있어요. 여기에 어떤 보석이 숨겨져 있다는 걸까요? 맨눈으로 저 위치를 보게 되면 이런 생각을 하게 돼요. '어? 저기 뭔가 있는 것 같은데, 뭘까? 별은 아닌 것 같고, 이상하네. 뭐가 뭉쳐 있는 것 같기도 하고.'

이곳에 무엇이 있는지 이야기하기 전에 한 가지 질문을 해 볼게요. 우리는 별을 살펴보고 있었어요. 지금까지 살펴본 바로는 밤하늘의 어떠한 한 위치에는 단지 별 하나만이 자리 잡고 있었어요. 그런데 밤하늘의 별은 이렇게 따로따로 떨어져 있기만 할까요?

이제 표시가 된 곳에 뭐가 있는지 말씀드릴 수 있을 것 같아요. 여기에는 별이 있어요. 그런데 하나의 별이 아닌, 엄청나게 많은 별이 모여서 집단을 이루고 있어요. 이러한 것을 성단이라고 불러요. 그리고 황소자리에 있는 이 천체 집단은 플레이아데스성단이에요.

주변시로 관측하기

날씨 좋은 날 어두운 곳에서 맨눈으로 플레이아데스성단을 보면 성단을 구성하는 수많은 별 중에 4~5개 정도가 보일 거예요. 그런데 조금 이상하게 들리겠지만 맨눈으로 이 성단을 잘 관찰하기 위해서는 성단을 똑바로 쳐다보면 안 돼요. 그럼 어떻게 봐야 할까요? 성단 바로 옆 주변을 바라보면 돼요. 그러면 신기하게도 성단이 더 잘 보일 거예요. 우리의 눈은 약한 빛을 볼 때 살짝 그 옆을 바라보아야 더 선명하게 볼 수 있어요. 이를 주변시라고 불러요. 그러므로 이 성단을 마음속으로 주목은 하되, 성단 주변

플레이아데스성단

으로 이리저리 눈을 움직이면 보다 또렷한 모습을 관찰할 수 있을 거예요.

하지만 역시나 맨눈으로는 한계가 있어요. 플레이아데스성단을 비롯한 보석들을 제대로 보기 위해서 멀리 있는 것을 잘 볼 수 있게 해 주는 도구가 필요해요. 이러한 도구로 쌍안경과 천체 망원경이 있어요. 쌍안경은 두 눈을 사용할 수 있어서 망원경에 비해 시야가 넓은 게 특징이에요. 밤하늘에서 보이는 크기가 꽤 큰 편인 플레이아데스성단은 쌍안경으로 보면 잘 보여요. 천체 망원경에서 보조 역할을 하는 파인더로도 멋진 모습을 볼 수 있어요. 파인더에 관해서는 3장에서 다시 이야기할게요.

실제로 플레이아데스성단을 보면 사진처럼 주변이 파랗게 보이지는 않아요. 사진이 푸른빛인 이유는 노출을 길게 주어서 희미한 빛을 축적시켰기 때문이에요. 쌍안경을 통해 이 성단을 보면 수많은 별이 모여서 아름답게 빛나는 모습을 볼 수 있어요. 그리고 이런 모습을 보면 분명 지금까지 1~2개의 별만 보던 때와는 다른 느낌을 받을 거예요.

도시의 밤하늘에는 별이 많이 보이지 않기 때문에 실제로 별이 얼마나 많은지 체감하기가 힘들어요. 하지만 이 성단을 쌍안경이나 파인더로 보면 별이 정말 셀 수 없을 만큼 많다는 걸 느낄 수 있어요.

이제 여러분은 누군가에게 플레이아데스성단의 위치를 알려 주고 싶을 때 이렇게 말할 수 있을 거예요. "플레이아데스성단은 겨울철 별자리인 황소자리에 있어. 일단 황소의 눈에 해당하는 별인 알데바란을 찾아보자. 저기 있지? 이제 이 별 주변으로 눈을 이리저리 움직이며 쳐다보면 플레이아데스성단을 찾을 수 있을 거야."

플레이아데스성단이라는 보석의 위치를 별자리와 별이 알려 주고 있어요. 별자리는 별이 놓인 자리라는 뜻이므로 다시 표현하면 밤하늘에서 별이 놓인 주소라고 할 수 있어요. 밤하늘의 주소를 아는 것, 그리고 이 주소를 통해 보석을 찾아내는 것. 이것이 우리가 1부에서 별자리와 별을 알아본 이유였어요.

별자리의 의미

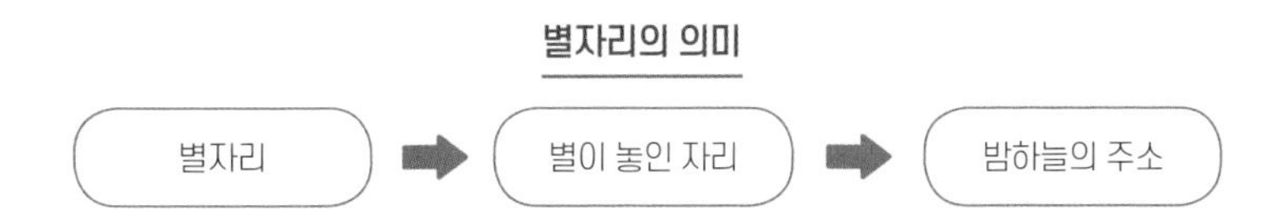

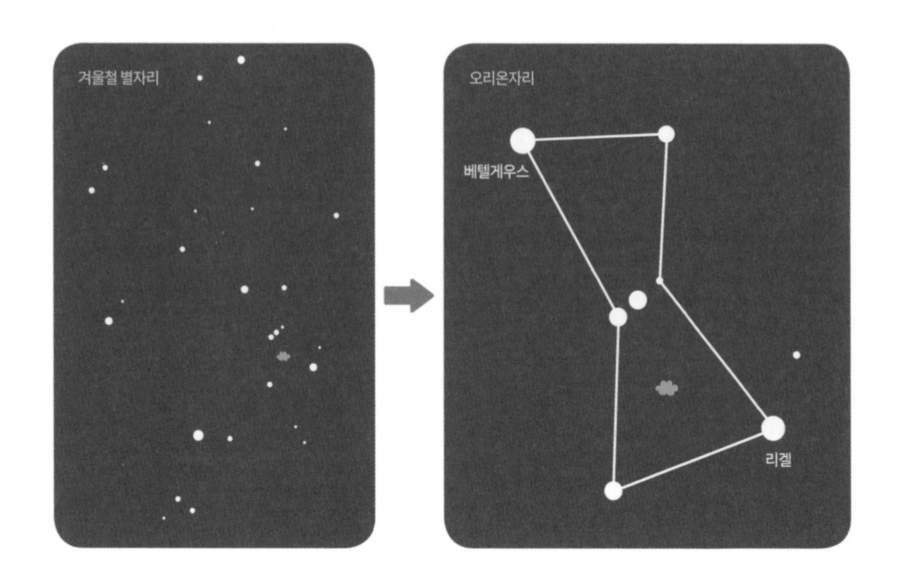

오리온자리와 오리온대성운

우리는 지금까지 밤하늘에 있는 별을 살펴보고 있었어요. 그런데 이 별들은 어떻게 생겨났을까요? 따로 태어나는 장소가 있을까요? 이번에 만나게 될 보석이 이 궁금증을 풀어 줄 수 있을 것 같아요.

겨울철 별자리인 오리온자리를 함께 살펴볼게요. 베텔게우스와 리겔 사이, 줄 서 있는 3개의 별 아래쪽으로 마치 구름같이 생긴 표시가 있어요. 이 부분을 천체 망원경의 파인더로 보면 또 3개의 별이 보여요. 그런데 자세히 보면 세 별 중의 가운데 별은 뿌연 모습이에요. 망원경으로 보면 실제로 별이 아니라 구름 같은 것이 보일 거예요. 이 구름을 오리온자리에 있는 커다란 구름이라는 의미에서 오리온대성운이라 불러요. 망원경으로는 그저 색 없는 뿌연 구름처럼 보이지만 카메라를 이용해서 노출을 길게

오리온대성운

주면 약한 빛이 축적되어 화려한 색깔이 드러나요.

정말 멋지죠? 이제 구름은 마치 붉은 독수리가 날개를 활짝 펼친 모습처럼 보여요. 그리고 이 구름 중심에는 마치 독수리가 알을 품고 있는 것처럼 몇 개의 별도 함께 보여요. 자세히 보면 작은 별 4개가 옹기종기 모여 있는데 이를 사다리꼴이라는 뜻의 트라페지움이라고 불러요.

이렇게 멋진 오리온대성운의 모습은 오직 사진으로만 볼 수 있어요. 망원경을 통해 눈으로 보면 붉은색을 볼 수도 없고, 구름의 모습도 사진처럼 선명하지 않아요. 이는 어쩔 수 없는 우리 눈의 한계예요. 그래서 초보 관측자 단계를 넘어 중급, 고급 단계로 가게 되면 이러한 눈의 한계를 극복하기 위해 직접 DSLR이나 CCD 카메라를 사용해서 사진을 찍기도 해요. 하지만 중급, 고급 관측자들 중에도 여전히 사진보다는 직접 눈으로 보는 것을 즐기는 사람들도 있어요. 그래서 취미로 별을 관측하는 사람들은 마치 무림에 나오는 것처럼, 눈으로 관측하는 안시 관측파와 사진을 찍는 사진파로 나뉘어요. 두 파는 성향이 다르기 때문에 망원경도, 장비도 차이가 있어요. 망원경에 대한 자세한 내용은 나중에 8부에서 다시 살펴볼게요.

일단 우리 초보 관측자는 안시 관측파라고 생각해 주세요. 비록 사진처럼 화려한 오리온대성운을 볼 수는 없지만 그럼에도 불구하고 충분히 멋진 모습을 만날 수 있을 거예요. 관측 환경이 좋을수록 대성운은 더 멋지게 보여요. 처음에는 도시에서 대성운을 관측해 보세요. 그리고 나중에 기회가 되면 도시를 떠나 더 어두운 곳에서 이 성운을 다시 관측해 보세요. 훨씬 선명한 모습을 볼 수 있을 거예요.

앞에서 우리는 별이 어디서 어떻게 생겨나는지 궁금해했어요. 별은 바로 이런 성운에서 태어나요. 별이 만들어지려면 일단 별을 만들 재료가 있어야 할 거예요. 그것도 어마어마하게 많은 양이 필요하겠죠? 그런 재료가 되는 것이 바로 오리온대성운 같은 우주의 구름이에요. 멀리서 보기엔 작아 보여도 실제로 이 구름은 어마어마하게 커요. 이 커다란 구름을 구성하고 있는 재료들이 뭉쳐져서 스스로 빛을 뿜어내는 별이 만들어져요. 아까 오리온대성운 안에 몇 개의 별이 보인다고 했는데, 이렇게 보이는 별이 바로 구름 안에서 탄생한 별이에요.

페르세우스 이중 성단

이번에는 가을철 별자리에 숨어 있는 보석을 만나 볼게요. 아래 그림

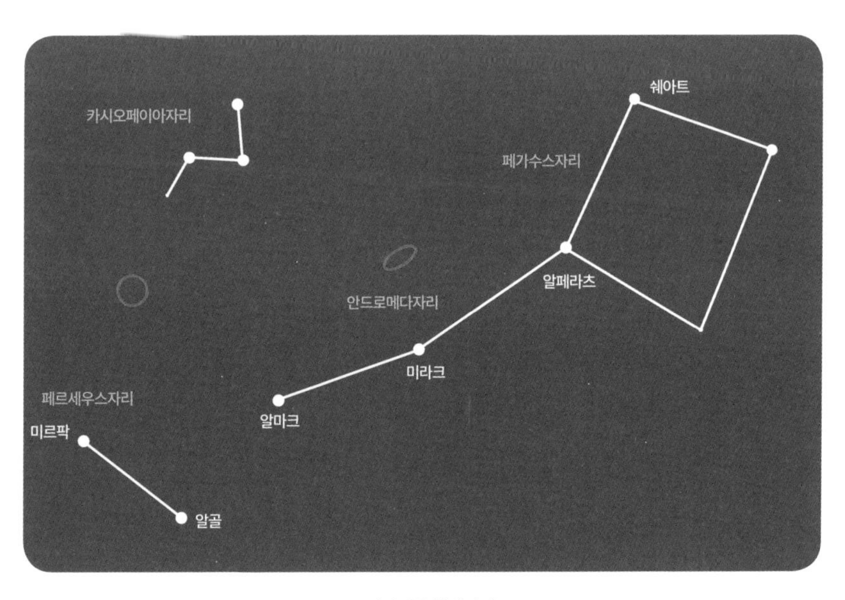

도시의 가을철 별자리

페르세우스 이중 성단

은 1부에서 보았던 가을철 별자리들이에요. 이번에도 새로운 표시 2개가 보여요. 우리가 먼저 살펴볼 것은 카시오페이아자리와 페르세우스자리 중간에 위치한 빨간 동그라미 표시예요. 이 표시는 원래대로라면 W 모양으로 보였어야 할 카시오페이아자리의 5개 별 중 중간 별에 해당하는 세 번째 별과, 페르세우스자리의 미르팍 사이 중간 정도에 위치하고 있어요. 여기에는 어떤 보석이 있을까요?

앞서 우리는 겨울철 별자리인 황소자리에서 별들이 모여 있는 집단인 플레이아데스성단을 만나 보았어요. 플레이아데스성단은 별들이 조금 흩어진 상태로 모여 있는데, 이러한 성단을 산개 성단이라고 불러요. 그런데 카시오페이아자리와 페르세우스자리 사이의 빨간 동그라미 부분에는 산개 성단이 2개나 놓여 있어요. 그래서 이 성단을 페르세우스 이중 성단이라고 불러요. 이 성단을 망원경으로 들여다보면 수많은 하얀 점이 모여 있는 성단 2개가 한꺼번에 보여요. 하지만 아쉽게도 도시에서는 그저 조그마한 작은 별들이 조금 모여 있는 것처럼 보일 뿐이에요. 그래서 초보자들은 이 성단을 발견하는 것조차 어려울 수 있어요. 하지만 다른 곳보다는 아주 자잘한 별들이 더 보이기 때문에 '여긴가 보다.' 하고 짐작할 수는 있을 거예요.

산개 성단과 달리 별들이 빽빽하게 모여 마치 공처럼 보이는 성단도 있어요. 이를 구상 성단이라고 하는데, 헤라클레스자리의 헤라클레스 구상 성단이 대표적이에요.

안드로메다은하

이번에는 그림에 보이는 또 다른 표시를 살펴볼게요. 안드로메다자리의 미라크 위에 있는 기울어진 타원 모양의 표시에는 또 어떤 보석이 있을까요? 이 별자리의 이름인 '안드로메다'는 아마 익숙한 이름일 거예요. 맞아요. 여기에 그 유명한 안드로메다은하가 있어요.

여기서 잠시 은하에 대해 살펴볼게요. 성단은 별들의 모임이고, 성운은 우주의 구름이라는 건 알았는데, 은하는 무엇일까요? 은하를 알기 위해서는 우선 태양부터 알아야 해요.

여러분은 혹시 우리가 아침마다 만나는 태양 역시 별이라는 사실을

안드로메다은하

알고 있나요? 너무나 자연스러워서 따로 인식하고 있지는 않지만 낮에 보이는 태양도 별이에요. 다만 태양은 우리와 가장 가까이 있는 별로, 우리에게 가장 큰 영향을 미친다는 점이 다를 뿐이에요.

우리는 태양이라는 별 하나만 존재하는 태양계에 살고 있어요. 태양계라는 것은 태양이라는 별을 주인공으로 하는 세계를 말해요. 우리 지구를 포함해서 나중에 이 책에서 만나게 될 행성들이 태양계에 속해 있어요. 그런데 우주에는 태양과 같은 별들이 무수히 많아요. 우리에게는 태양이라는 별이 주인공이지만 우주의 입장에서는 무수히 많은 등장인물 중 하

안드로메다은하를 망원경으로 보면 보통은 뿌연 구름처럼 보여요.

나일 뿐이에요.

우주에는 태양보다 훨씬 큰 별도 있고, 태양보다 작은 별도 있어요. 이 별들은 성단처럼 커다란 집단을 이루기도 하고 따로 떨어져서 존재하기도 해요. 이 모든 별은 더 커다란 하나의 집단을 이루고 있는데, 그것이 바로 은하예요. 하나의 은하 안에는 따로 떨어져 있는 수많은 별이 있고, 수많은 성단이 있으며, 수많은 성운도 있어요. 그러므로 은하는 마치 우주라는 바다에 떠 있는 하나의 섬이라고 생각할 수도 있어요.

우리 태양계가 속한 은하는 우리가 있는 은하이므로 우리은하라고 해요. 우리의 태양은 우리은하 안에 있는 수많은 별 중 하나일 뿐이에요. 우리은하 바깥에도 수많은 은하가 있어요. 그중 우리에게 가까이 있는 은하가 바로 안드로메다자리에 있는 안드로메다은하예요. 가깝다고는 해도 대략 250만 광년의 거리, 즉 세상에서 가장 빠른 빛의 속도로 대략 250만 년은 가야 도달할 수 있는 거리이지만요.

안드로메다은하는 정말 멋지고 아름다워요. 비록 가을철 별자리에는 눈에 띄게 밝은 별은 없지만 이 안드로메다은하가 있기 때문에 충분히 매력적이에요. 그런데 앞에서도 계속 말했지만 실제로 안드로메다은하를 망원경으로 보면 아쉽게도 사진처럼 멋있지 않고 보통은 뿌연 구름처럼 보여요. 그래서 은하지만 마치 성운 같아요. 하지만 관측 환경이 좋아지면 더 화려하고 선명하게 보여요.

눈으로는 사진과 같은 모습을 볼 수 없기 때문에 어쩌면 조금 실망할 수도 있을 거예요. 하지만 저는 정말 멀리 떨어져 있는 은하라는 신비한 존재를 눈으로 볼 수 있다는 것이 너무나 신기했어요. 이 은하의 모습은 빛이 약 250만 년 동안 우주를 열심히 날아와 제 눈에 도달한 결과니까요. 그리고 이 말은 우리가 보는 안드로메다은하가 약 250만 년 전 과거의 모습이라는 것을 의미하기도 해요. 또한 '저 은하 안에도 우리와 같은 생명체가 살고 있지는 않을까?' 하고 생각해 보면 신기함을 넘어서 표현하기 어려운 묘한 느낌까지 들어요. 우주에 있는 천체들을 볼 때 느껴지는, 설명할 수 없는 이 묘한 느낌에 저는 '우주적 느낌'이라는 이름을 붙였어요. 조금 이상한가요? 아마 여러분도 밤하늘을 관측하면서 여러분만의 특별한 우주적 느낌을 경험할 수 있을 거예요.

이렇게 망원경을 통해 볼 수 있는 은하를 통해 또 한 가지 생각해 볼

처녀자리에서 볼 수 있는 은하단

것이 있어요. 바로 우리은하의 모습이에요. 우리는 우리은하의 모습을 직접 볼 수 없어요. 거울이 없으면 자기 얼굴을 볼 수 없는 것과 같아요. 그렇다면 어떻게 해야 내 얼굴의 생김새를 확인할 수 있을까요? 맞아요. 내 얼굴 대신 다른 사람의 얼굴을 보면 돼요. 물론 내 얼굴과 다른 사람의 얼굴은 세부적으로 보면 서로 다르게 생겼겠지만, 다른 사람들의 얼굴을 통해 사람의 얼굴에는 공통적으로 눈 2개, 코 1개, 입 1개, 귀 2개가 있다는 것을 확인할 수 있어요. 마찬가지로 우리가 우리은하를 직접 볼 수는 없지만 안드로메다은하를 비롯한 수많은 다른 은하의 모습을 통해 우리은하도 이들처럼 생겼다고 추측해 볼 수 있어요.

앞의 사진은 처녀자리에서 볼 수 있는 여러 은하의 모습이에요. 어떤 은하는 바람개비처럼 생겼고, 또 어떤 은하는 타원 모양, 또 어떤 은하는 막대 모양으로 생겼어요. 아마 우리은하도 이들 중 하나와 비슷한 모양일 거예요. 과학자들이 지금까지 관측한 결과에 따르면 우리은하는 안드로메다은하와 비슷하면서도 조금 다른 모양일 것으로 여겨지고 있어요.

밤하늘에서는 각양각색의 은하를 찾아서 관측하고 사진으로 찍는 재미를 느낄 수 있어요. 나중에 혹시 기회가 된다면, 안드로메다은하를 비롯해 밤하늘에 숨어 있는 멋진 은하들을 직접 사진으로 찍어 보길 바랄게요.

03
스타
호핑법

우리는 밤하늘의 아름다운 보석인 성운, 성단, 은하를 살펴보았어요. 그런데 지금까지 이 보석들의 위치에 대해 말할 때 '어떤 별 근처에' 또는 '어떤 별과 어떤 별 중간쯤에'와 같이 조금 애매한 표현을 사용했어요. 앞에서 살펴본 보석들은 이처럼 표현해도 비교적 쉽게 찾을 수 있지만, 어떤 보석들은 이렇게 두리뭉실한 표현만으로는 찾기가 힘들어요. 그러므로 좀 더 정확하게 보석의 위치에 대해 말하고 찾는 방법을 익힐 필요가 있어요.

여러분은 징검다리로 시냇물을 건너 본 적이 있나요? 출발점에서부터 징검돌을 하나씩 뛰어넘으면 원하는 곳에 도착할 수 있어요. 별을 찾을 때에도 이와 같은 방법을 적용할 수 있어요. 출발점이 될 별을 정하고, 주변의 별을 징검돌 삼아 이동하며 원하는 대상을 찾아가는 방법이에요. 토끼처럼 뛰는 것을 호핑(hopping)이라고 하기 때문에 이 방법을 스타 호핑법이라고 불러요.

그런데 밤하늘의 별을 직접 발로 뛸 수는 없으므로 호핑을 하기 위해서는 도구가 필요해요. 그 도구는 천체 망원경에 있어요. 천체 망원경 옆

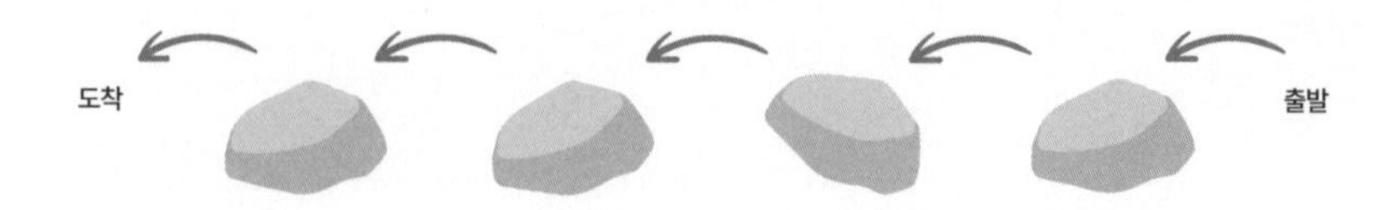

에 작은 망원경이 하나 더 붙어 있는데, 이를 파인더라고 불러요. 왜 굳이 작은 망원경이 하나 더 있을까요? 망원경 본체는 대상을 자세히 봐야 하기 때문에 확대를 많이 해서 밤하늘을 봐요. 그래서 밤하늘의 아주 좁은 영역만 보게 되죠. 반면에 작은 망원경인 파인더는 망원경 본체보다 좀 덜 확대해서 밤하늘을 봐요. 그래서 좀 더 넓은 영역이 시야에 들어와요.

이번에는 앞에 나왔던 시냇물과 징검돌을 직접 발로 뛰는 것이 아니라 멀리서 망원경과 파인더를 통해 바라본다고 해 볼게요. 망원경 본체로 본 돌은 크게 확대되기 때문에 자세하게 볼 수 있어요. 반면에 파인더는 이보다는 조금 덜 확대해서 보기 때문에, 대상을 자세히 관측하기는 어렵지만 맨눈으로 볼 때보다 잘 보이면서 망원경 본체보다 넓은 영역을 살필 수 있어요.

파인더의 이런 장점은 밤하늘에서 우리가 원하는 대상을 찾는 데 적합해요. 즉 맨눈으로는 보이지 않는 어두운 별도 볼 수 있으면서, 망원경 본체보다는 시야가 넓기에 원하는 별을 쉽게 찾을 수 있고, 별과 별 사이를 눈으로 뛰어다니는 스타 호핑도 더 쉽게

할 수 있어요. 다시 말해서 파인더(finder)는 이름 그대로 무언가를 찾는 역할을 하고, 파인더로 원하는 대상을 찾은 후에는 망원경 본체로 그 대상을 자세히 살펴보면 돼요.

그런데 이렇게 파인더로 찾은 대상을 망원경 본체로도 보려면 파인더와 망원경 본체가 똑같은 대상을 볼 수 있도록 미리 조절해 두어야 해요. 이를 파인더 정렬이라고 하는데, 관측을 시작하기 전에 반드시 해야 하는 작업이에요. 나중에 8부에서 파인더 정렬을 하는 방법에 대해 자세히 이야기할게요.

파인더를 사용할 때는 한 가지 주의할 점이 있어요. 파인더로 보면 위와 아래, 왼쪽과 오른쪽이 뒤집혀 보인다는 점이에요. 그래서 실제 파인더의 움직임과 보이는 시야의 움직임이 반대이므로 처음에는 어색하게 느껴

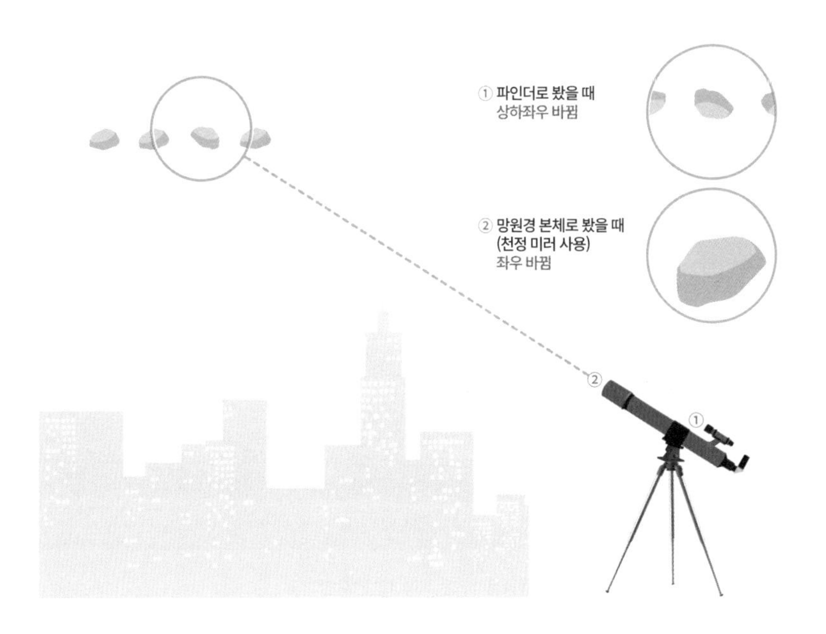

질 거예요. 그래도 조금만 적응하면 금방 익숙해질 수 있어요.

스타 호핑법으로 안드로메다은하 찾아보기

그럼 지금부터는 스타 호핑법을 이용해 앞서 살펴봤던 안드로메다은하를 찾아볼게요. 아래 그림을 보면 안드로메다자리의 미라크 위쪽으로 이전에는 보이지 않던 2개의 별이 더 나타났어요. 이 두 별은 맨눈으로는 잘 보이지 않지만 파인더를 사용하면 확인할 수 있어요. 이 별들은 마치 미라크에서부터 안드로메다은하를 향하는 징검돌처럼 보여요. 지금은 돌이 아니라 별이므로 징검다리 별이라고 부를 수 있을 거예요.

안드로메다은하를 찾기 위해서는 먼저 미라크를 찾아야 해요. 페가수스자리의 사각형을 먼저 찾은 후 미라크를 찾을 수도 있고, 1부에서 본 것

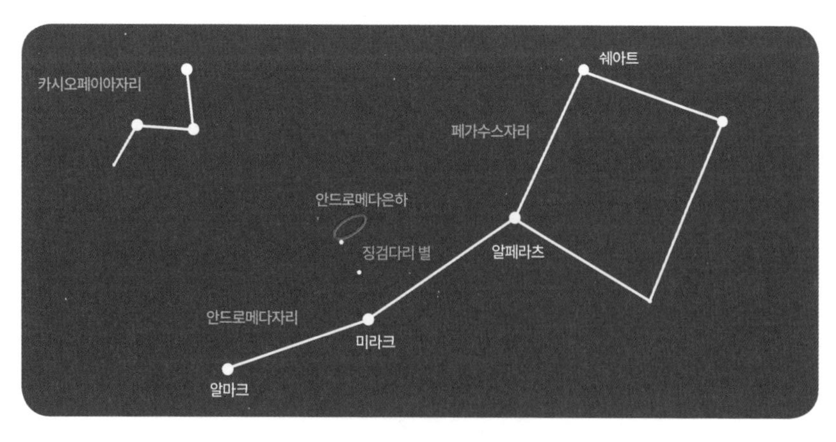

출발점이 되는 미라크를 먼저 찾아요.

처럼 카시오페이아자리의 밝은 별 3개를 먼저 찾은 후 이를 화살표의 머리로 생각해서 화살표의 방향을 따라 미라크를 찾을 수도 있어요. 이렇게 맨눈으로 어떤 별이 미라크인지 확인한 후 다시 망원경의 파인더로 이 별을 찾으면 돼요.

파인더의 시야에 미라크를 넣었으면, 미라크와 알마크를 잇는 선과 직각이면서 카시오페이아자리 쪽을 향하는 방향으로 파인더를 조금 움직여요. 그러면 첫 번째 징검다리 별을 만날 수 있을 거예요. 이후 같은 방향으로 조금 더 움직이면 두 번째 징검다리 별을 만날 수 있어요. 그러면 여러분은 이 별 옆에 뿌옇게 보이는 안드로메다은하를 발견할 수 있어요. 만약 잘 보이지 않으면 파인더가 아닌 망원경 본체로 그 근방을 직접 찾아볼 수도 있어요. 그런데 아무리 찾아도 보이지 않는다면 그건 여러분이 못 찾는 게 아니라 정말 안 보이는 걸 수도 있어요. 은하는 상당히 어두운 대상이므로 밤하늘 상태가 좋지 않으면 보이지 않아요. 그러므로 이때는 관측

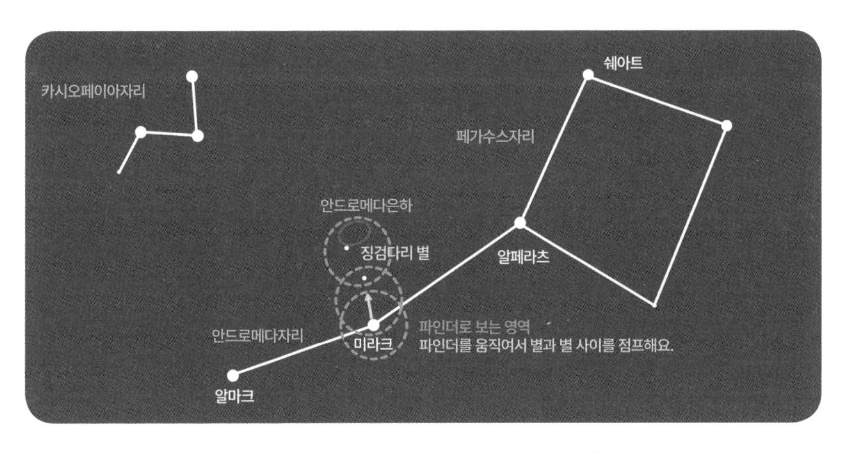

징검다리 별을 따라가면 안드로메다은하를 만날 수 있어요.

환경이 좋은 장소로 이동하거나 밤하늘 상태가 좋은 다른 날에 다시 한번 시도해 보는 것이 좋아요.

파인더의 중앙에 안드로메다은하가 오도록 한 후, 파인더에서 눈을 떼고 망원경 본체로 보면 더 크고 선명한 안드로메다은하를 볼 수 있어요. 파인더로 보이는 영역의 크기는 여러분이 어떤 파인더를 사용하느냐에 따라 달라질 수 있어요.

성도 활용하기

그런데 이렇게 스타 호핑법으로 안드로메다은하를 찾기 위해서는 미라크 위에 징검다리 별이 있다는 사실을 미리 알고 있어야 해요. 즉 스타 호핑을 하기 위해서는 밤하늘에 있는 별의 위치가 자세하게 기록된 지도가 필요해요. 이러한 별의 지도를 성도(星圖)라고 불러요. 성도에는 밤하늘

무료로 구할 수 있는 성도

Deep Sky Hunter

The Mag 7 Star Atlas

Taki's Star Atlas

인터넷에서 구할 수 있는 성도는 대부분 PDF 문서 형태예요. PDF의 검색 기능을 활용하면 원하는 천체를 바로 찾을 수 있어요. 성도에는 성운, 성단, 은하가 서로 다른 기호로 표시되는데, 처음에는 너무 복잡해 보일 수 있지만, 차근차근 살펴보면 익숙해질 거예요.

에서 우리가 관측할 수 있는 거의 모든 별은 물론이고 성운, 성단, 은하의 위치까지도 상세히 나타나 있어요.

그러므로 보고 싶은 대상이 있다면 밖에 나가기 전에 원하는 대상을 어떻게 찾아갈지 성도를 보면서 미리 생각해 두는 것이 좋아요. 그런 후 성도와 망원경을 함께 갖고 밖에 나가서 미리 보아 두었던 그 길을 따라 스타 호핑을 해 보는 거예요.

관측 도중에 성도를 볼 때는 한 가지 주의할 사항이 있어요. 우리는 어두운 곳에서 관측을 하게 되므로 성도가 잘 보이지 않을 거예요. 이때 무심코 핸드폰 플래시를 켤 수도 있는데, 이는 좋은 방법이 아니에요. 우리가 관측하려는 천체는 굉장히 어두운 대상이에요. 그래서 이들을 최대한 잘 보기 위해서는 우리 눈이 어둠에 적응해서 빛을 최대한 받아들일 수 있도록 동공이 커져 있어야 해요. 이를 "눈이 암적응했다."고 말해요. 그런데 상당히 강한 불빛인 핸드폰 플래시를 켜면 겨우 어둠에 적응한 우리 눈의 동공이 다시 작아져 버려요. 게다가 함께 관측하는 사람들에게도 큰 방해가 될 수 있어요.

이때는 붉은빛을 내는 헤드 랜턴을 따로 챙겨가는 것이 좋아요. 은은하게 나오는 붉은빛은 우리 눈의 암적응을 최대한 덜 깨뜨리는 장점이 있어요. 그리고 헤드 랜턴은 머리에 쓸 수 있기 때문에 시선에 맞게 빛을 비추어 줘서 상당히 편리해요. 관측에 필요한 도구를 찾을 때도 편리하고요. 그러므로 항상 성도와 망원경, 붉은 헤드 랜턴을 세트로 챙겨서 나가는 것이 좋아요.

메시에 목록과 NGC 목록

밤하늘에는 우리가 스타 호핑법으로 찾아볼 수 있는 성운, 성단, 은하와 같은 보석이 엄청나게 많아요. 이러한 보석을 정리해 둔 목록도 있는데, 여러 목록 중에 가장 유명한 것은 메시에 목록과 NGC 목록이에요. 메시에 목록에는 100여 개의 천체가 들어있고, NGC 목록에는 그보다 훨씬 많은 천체가 들어있어요. 메시에 목록에 들어있는 모든 천체는 NGC 목록에도 포함되어 있어요. 보통 초보 관측자들은 메시에 목록을 주로 보고 가끔씩 NGC 목록도 찾아본다고 생각해 주세요. 천체 관측을 취미로 즐기는 사람들 중에서는 메시에 목록에 나오는 천체 찾기를 일종의 놀이처럼 생각하는 사람도 있어요. 또한 NGC 목록에 없는 대상들을 추가로 정리한 IC 목록도 있어요. 초보 관측자들은 '이런 목록도 있구나.' 정도로만 기억하셔도 괜찮아요.

메시에 목록은 숫자 앞에 'M'을 붙여서 나타내고, M1부터 M110까지 있어요. 우리가 보았던 안드로메다은하는 M31이에요. 물론 안드로메다은하는 NGC224이기도 해요. 플레이아데스성단은 M45, 오리온대성운은 M42예요. 페르세우스 이중 성단은 메시에 목록이 아닌 NGC 목록에 들어있고, 성단이 2개여서 각각 NGC869, NGC884라는 이름을 갖고 있어요. 메시에 목록과 NGC 목록의 천체는 성도에 표시가 되어 있어요.

앞서 찾은 안드로메다은하의 경우는 크기도 크고 위치도 잘 알려져 있어서 굳이 스타 호핑법이 아니라 미라크 위쪽을 대충 파인더로 훑어보아도 찾을 수 있긴 해요. 하지만 다른 메시에 목록 대상 천체를 찾기 위해서는 스타 호핑법이 유용해요. 사실 이처럼 수동으로 대상을 찾지 않아도 모터를 움직여 자동으로 원하는 대상을 찾아 주는 망원경도 있어요. 이와 관련해서는 나중에 망원경을 다루는 8부에서 자세히 살펴볼게요.

이중성 알비레오

우리는 지금까지 망원경으로 성운, 성단, 은하를 관측했어요. 그런데 문득 이런 생각이 들어요.

'왜 망원경으로 별 하나만 자세히 보지는 않나요?'

베가, 베텔게우스, 시리우스와 같은 별을 망원경으로 보면 확실히 별 색깔을 좀 더 선명하게 볼 수 있고, 반짝반짝하는 예쁜 모습을 볼 수 있어요. 하지만 역시나 성운, 성단, 은하에 비하면 아름다움과 신비함의 정도가 조금 떨어져요. 그 이유는 육안으로 보는 것과 망원경으로 보는 것이 크게 다르지 않아서예요. 그래서 하나의 별 자체를 망원경으로 자세히 관찰하는 경우는 많지 않아요.

이처럼 별 자체가 우리 초보 관측자들의 관측 대상은 아니지만 별 중에도 많은 사람이 찾아보는 천체가 있어요. 대표적으로는 여름철 별자리인 백조자리의 머리 또는 부리에 해당하는 별인 알비레오가 있어요. 그런데 알비레오는 사실 도시에서 맨눈으로 잘 보이지 않아요. 그래서 이 별을 찾기 위해서는 주변의 밝은 별을 이용해야 해요. 스타 호핑법으로 찾을 수도 있지만 알비레오 근처에는 징검돌로 삼을 만한 별이 꽤 멀리 있어서 쉽지는 않아 보여요. 이럴 때는 굳이 스타 호핑법을 사용하지 않고 대략적인 감으로 찾는 것이 빠르기도 해요. 이번에는 이러한 방법으로 알비레오를 찾아볼게요.

먼저 밝은 별인 베가와 알타이르를 잇는 가상의 선을 밤하늘에 그려요. 이 가상의 선 중간 지점 근처에 알비레오가 있는데, 아래 오른쪽 그림처럼 데네브 쪽으로, 그리고 조금 더 베가 쪽으로 치우쳐 있는 납작한 삼각형의 형태를 대충 떠올려 보는 거예요. 그러면 이 납작하게 솟은 삼각형의 꼭짓점이 대략적인 알비레오의 위치예요. 맨눈으로 상상한 이 과정을 그대로 파인더로 찾는 과정에 적용하면 돼요.

그러고는 베가와 알타이르의 중간(오른쪽 그림에서 빨간 네모 위치)으로 파인더의 시야를 이동시켜요. 그리고 그곳에서 아까 생각해 둔 납작한 삼각형의 꼭짓점 위치를 떠올리면서 천천히 파인더를 움직여 보세요. 그러면 파인더로 볼 때 다른 별보다 조금 더 밝게 보이는 별을 찾을 수 있을 거예요. 그런데 이 별은 알비레오일 수도 있고, 알비레오 근처에 있는 또 다른

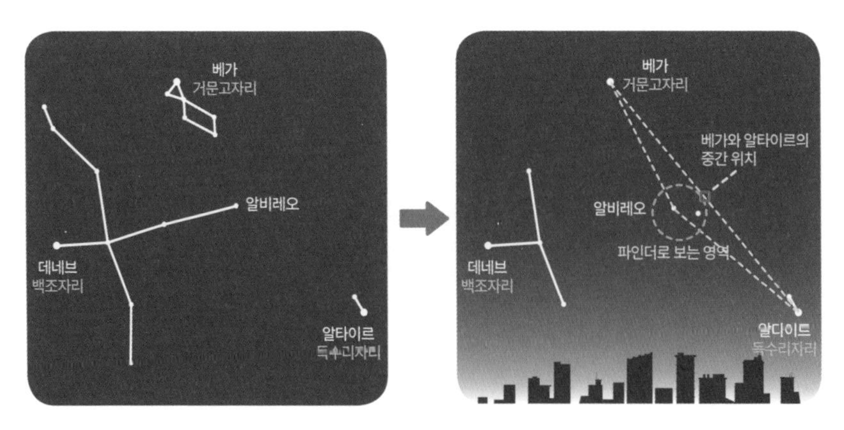

스타 호핑법으로 알비레오 찾기

이중성 알비레오

별일 수도 있어요. 이럴 때는 파인더로 두 별을 각각 찾은 후, 망원경 본체로 제대로 된 모습을 확인해 보면 돼요. 만약 여러분이 찾은 별이 알비레오가 맞다면 망원경 본체에는 이 별이 2개로 보일 거예요.

어? 분명 맨눈이나 파인더로 보면 별이 1개였는데, 망원경으로 보면 2개로 보여요. 이처럼 알비레오는 2개의 별이 아주 가까이 붙어 있는 모습이에요. 그리고 미묘하긴 하지만 두 별의 색깔도 달라요. 이렇게 가까이 붙어 있거나, 혹은 그렇게 보이는 2개의 별을 이중성이라고 불러요. 원래 망원경으로 별 자체를 보는 경우는 드물지만 이중성은 두 별이 함께 있는 예쁜 모습 때문에 간혹 찾아보게 돼요. 앞서 보았던 북두칠성의 손잡이를 이루는 3개의 별 중 가운데 있는 별도 이중성이에요.

트리 성단

앞서 안드로메다은하를 찾을 때 우리는 단지 징검별 3개를 점프해서 은하를 찾았어요. 이는 스타 호핑법 중에서도 굉장히 간단한 예시였어요. 이번에는 실제로 여러분이 하게 될, 좀 더 구체적인 스타 호핑법의 예를 살펴보려고 해요.

여기서는 백조자리의 꼬리 별인 데네브 근처에 있는 산개 성단 M39를 찾아볼게요. 이 성단은 제가 개인적으로 좋아하는 천체예요. 여러분도 메시에 목록 대상을 찾다 보면 자기 마음에 드는 천체를 발견하게 될 텐데, 제게는 M39가 그런 천체였어요. 이유는 두 가지가 있어요. 일단 이 성단은 아기자기한 게 참 예쁘게 생겼어요. 마치 크리스마스트리처럼 생긴

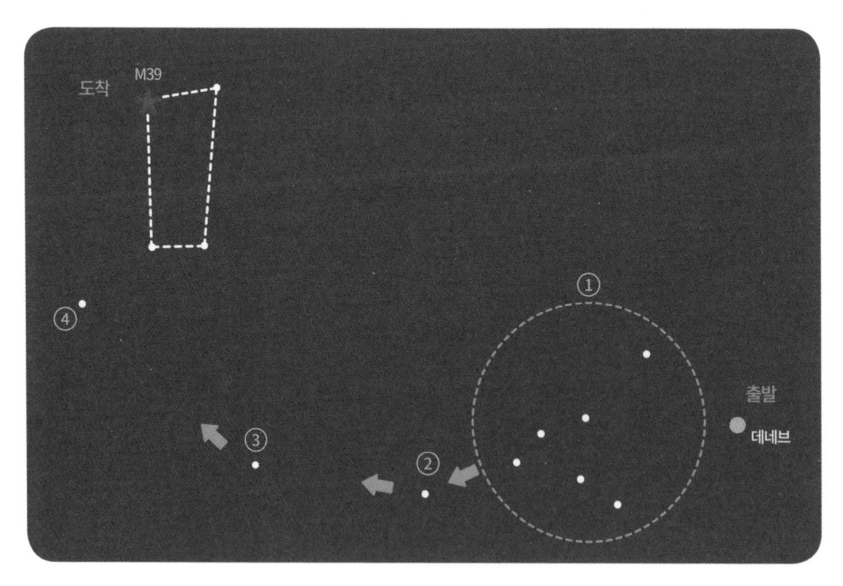

스타 호핑법으로 트리 성단 찾기

모습도 인상적이지만 사실 저는 이 성단을 스타 호핑으로 찾아가는 길이 재밌어서 더 마음에 들었어요. 지금부터 M39를 찾는 길을 통해 스타 호핑이 어떤 식으로 이루어지는지 자세하게 알려 드릴게요.

성도로 보았을 때, 또는 파인더로 보았을 때 데네브에서 이 성단까지 가는 길에 놓인 별은 앞의 그림과 같아요. 출발점 데네브에서 도착점 M39까지 차근차근 스타 호핑을 해 볼게요.

일단 파인더로 데네브를 찾아요. 그리고 그 주변을 파인더로 훑으면 마치 떼를 지어 날아가는 새들과 같은 모습을 한 별무리 ①을 만나게 돼요. 우두머리 새가 가장 앞서 날고 있으므로 새들이 가는 방향을 따라 파인더를 움직여요. 그러면 징검다리 별 ②를 만날 수 있어요. 그리고 방향을 조금 꺾어서 대략 우두머리 새와 징검다리 별 ②의 2배 정도 거리를 이동하면 다음 징검다리 별 ③을 만날 수 있어요. 마찬가지로 방금 이동한 거리와 꺾인 정도만큼을 한 번 더 가면 다음 징검다리 별 ④를 만날 수 있어요. 징검다리 별 ④ 주변에는 그림과 같이 가까이에 2개의 별이 더 보여요. 이 두 별과 조금 더 떨어진 곳에 있는 별 하나를 이용해서 그림과 같은 가상의 사각형을 만들어요. 그러면 세 별로 만든 사각형의 나머지 꼭짓점 위치에 M39가 놓여 있어요. 이제 이 위치로 파인더를 맞춘 후 망원경 본체의 접안렌즈로 보면 아름답게 빛나고 있는 트리 성단 M39를 만날 수 있어요. 만약 접안렌즈에 보이지 않는다면 그 주변을 접안렌즈로 보면서 조금씩 상하좌우로 움직여서 찾으면 돼요.

어떤가요? 조금 복잡해 보이나요? 그럴 수도 있어요. 왜냐하면 이 방법은 저 혼자만의 호핑법이기 때문이에요. 저는 이렇게 찾아가는 것이 재밌게 느껴졌어요. 새의 무리도 만나고 가상의 사각형도 만들면 마치 게임

트리 성단이라고도 불리는 산개 성단 M39

을 하는 기분이 들거든요. 아마 여러분도 스스로의 호핑법을 발견하고 만들게 될 거예요. 그리고 이러한 점이 바로 스타 호핑을 하는 재미이기도 해요. 보석으로 가는 길을 나만의 방식으로 만들고, 그렇게 내가 만든 길로 아름다운 성운, 성단, 은하를 만나게 되는 재미. 여러분도 분명 이 재미를 느낄 수 있을 거예요.

참고로 이전에 보았던 페르세우스 이중 성단의 경우 저는 미르팍에서 스타 호핑을 시작해요. 도시에서는 이 이중 성단이 확실하게 보이지 않기 때문에 정확하게 스타 호핑을 할 필요가 있어요. 그러려면 파인더 정렬도 꼼꼼히 해 놓아야 하고요. 그리고 몇 가지 관측 팁을 알려 드리자면, 파인더로는 은하나 성단이 보이지 않더라도 구경이 큰 망원경 본체로는 보일 수 있기 때문에 정확한 위치로 스타 호핑을 했다면 그 주변을 접안렌즈로 보면서 대상을 찾는 것도 좋은 방법이에요. 그리고 관측하러 나가기 전에 5부에서 이야기할 별자리 프로그램과 성도를 함께 활용해서 찾으려는 대상으로 스타 호핑하는 길을 알아보는 것이 좋아요. 성도에는 자세하게 별들이 기록되어 있지만 영역이 잘려 있기 때문에 전체 밤하늘 영역을 볼 수 있는 별자리 프로그램을 함께 사용하면 더 편리해요. 핸드폰으로 별자리 프로그램 화면이나 성도를 촬영해 두면 나중에 관측하러 나갔을 때 유용하게 사용할 수 있어요. 또는 별자리 앱을 사용할 수도 있어요. 그리고 주로 새벽 즈음에 갑자기 파인더나 접안렌즈에 아무것도 보이지 않는 경우가 있는데 이는 렌즈에 이슬이 맺혔기 때문이에요. 그래서 미리 열선을 설치하기도 해요.

지금까지 밤하늘에 숨은 다양한 보석을 살펴보았어요. 여기서 언급한 천체 말고도 밤하늘에는 더 많은 보석이 숨겨져 있어요. 예를 들면 거문고자리에 있는 고리 성운 M57, 헤라클레스자리에 있는 유명한 구상 성단 M13과 같은 천체들이요. 다만 메시에 목록에 있는 대상들이 도시에서 다 잘 보이는 것은 아니에요. 우리가 이 책에서 보았던 천체들도 여러분이 있는 도시의 밤하늘 상태에 따라서 잘 보일 수도 있고 그렇지 않을 수도 있어요. 하지만 앞에서 살펴본 천체들은 비교적 찾기 쉬운 편에 속하므로 먼저 이들을 찾아보세요. 어느 정도 익숙해진 후에는 밤하늘 상태가 더 좋은 곳에 가서 같은 천체를 다시 찾아보면 좀 더 선명하게 관측할 수 있을 거예요. 그때는 다른 메시에 목록 천체도 한번 찾아보세요.

다음 3부에서는 계절별 별자리가 밤하늘에서 서로 어떻게 위치하고 있는지, 또한 특정 계절에는 오직 그 계절의 별자리만 보이는 것인지, 그리고 왜 모든 별이 북극성을 중심으로 회전하고 있는지와 같은 의문을 풀어 볼게요. 이러한 의문이 풀리면 여러분은 비로소 우리가 보고 있는 깜깜한 밤하늘이 우주라는 것을 느낄 수 있을 거예요.

3부

움직이는 우주
하늘은 돈다

01
북극성을 중심으로 회전하는 별

1부에서 우리는 모든 별이 북극성을 중심으로 밤하늘을 하루에 한 바퀴 회전하는 것을 살펴보았어요.(정확히는 북극성 조금 옆이 회전의 중심이에요.) 이러한 움직임은 하룻밤 동안 별들을 관찰하면 눈치챌 수 있는 사실이에요. 또는 일주 사진이라고 부르는 천체 사진을 통해서도 확인할 수 있어요.

별은 왜 회전할까?

그런데 왜 모든 별은 이렇게 북극성을 중심으로 회전할까요? 이번에는 그 이유에 대해 알아보려고 해요. 우선 우리 눈에 보이는 현상을 뒤집어 생각하는 것부터 시작할게요.

앞에서 우리는 별이 움직인다고 말했어요. 하지만 사실은 별이 움직이는 게 아니라, 별이 있는 하늘 전체가 움직이기 때문에 별이 움직이는 것처럼 보이는 거예요. 게다가 실제로는 하늘이 움직이는 것도 아니에요.

별의 일주 운동. 모든 별은 북극성을 중심으로 하루에 한 바퀴 회전해요.

우리가 발을 딛고 있는 땅인 지구가 회전하기 때문에 하늘이 회전하는 것처럼 보이는 거예요. 아마 여러분은 이미 이 사실을 알고 있었을 거예요. 하지만 저는 다시 생각해 봐도 참 신기하고 놀라워요.

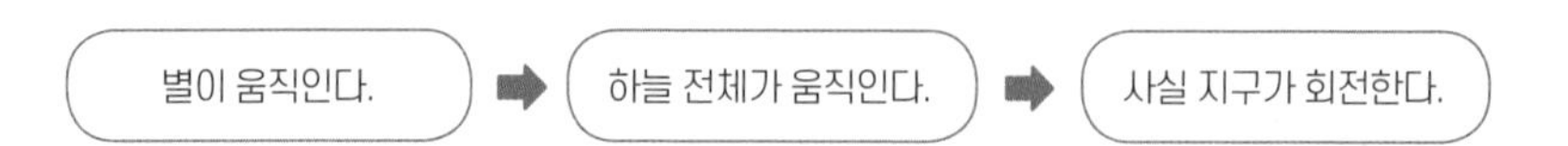

우리가 살고 있는 지구는 동그란 공 모양이고, 이 공은 팽이처럼 축을 중심으로 회전하고 있어요. 다행히도 지구와 우리는 서로를 끌어당기고 있기 때문에 우리는 회전하는 지구에서 떨어져 나가지 않고 붙어 있을 수 있어요. 이 힘을 중력이라고 불러요.

지구는 하루에 한 바퀴를 회전하므로 하늘 전체도 하루에 한 바퀴를 회전해요. 그리고 회전하는 지구 위에 살고 있는 사람들은 다음 왼쪽 그림처럼 회전축에 대해 각기 다른 각도로 놓여 있어요.

회전축에 가까운 사람은 추운 지역인 북극 또는 남극에 있는 사람이에요. 그리고 회전축과 가장 멀리 떨어진, 회전축과 직각으로 서 있는 사람은 더운 지역인 적도에 있는 사람이에요. 우리 한국인들은 그 중간에 위치한 중위도에 있어요. 현재 자신이 있는 곳의 위치가 지구의 회전축과 이루는 각도에 따라 밤하늘의 움직임도 각각 다르게 보여요.

다음 오른쪽 그림처럼 만약 어떤 별 하나가 정확하게 지구의 회전축 위에 놓여 있다면 밤하늘 전체가 이 별을 중심으로 회전하는 것처럼 보일 거예요. 하지만 아쉽게도 이처럼 완벽하게 회전축 상에 놓여진 별은 우리에게 보이지 않아요. 그래도 다행히 이 회전축에 가까우면서, 우리가 보기에 충분히 밝은 별이 하나 있어요. 바로 우리가 1부에서 살펴본 북극성(폴

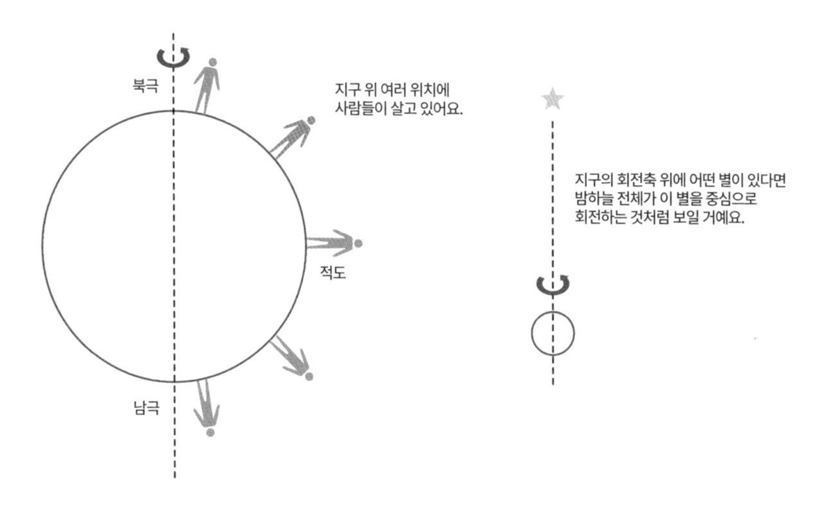

라리스)이에요. 밤하늘이 거의 이 별을 중심으로 회전하는 것처럼 보이기 때문에 우리에게 북극성은 상당히 중요해요. 우리가 밤하늘에서 북극성을 찾으면 그 방향이 바로 북쪽이고, 북극성을 정면으로 바라보고 서면 오른쪽이 동쪽, 왼쪽이 서쪽, 뒤는 남쪽이 돼요.

실제로는 지구가 회전하지만 우리가 볼 때는 밤하늘이 회전하는 것처럼 보이므로, 우리나라에 서 있는 사람을 기준으로 98쪽 그림처럼 밤하늘 전체가 북극성을 중심으로 회전하는 모습을 표현할 수 있을 거예요.(초보 관측자는 북극성이 정확히 회전축 위에 있다고 생각해도 괜찮아요.)

여기서 우리는 밤하늘이 커다란 구의 안쪽 표면이라고 생각해 볼 수 있어요. 실제로 우주의 크기는 무한하고 수많은 별과 우리의 거리는 각기 다르지만, 우리 눈에 보이는 천체 간의 원근감은 느끼기 어려워요. 따라서 우리가 밤하늘을 바라볼 때는 하늘의 모든 천체가 그림처럼 지구에서 똑같은 거리만큼 떨어진 가상의 커다란 구 표면에 놓여서 움직인다고 생각할 수 있어요.

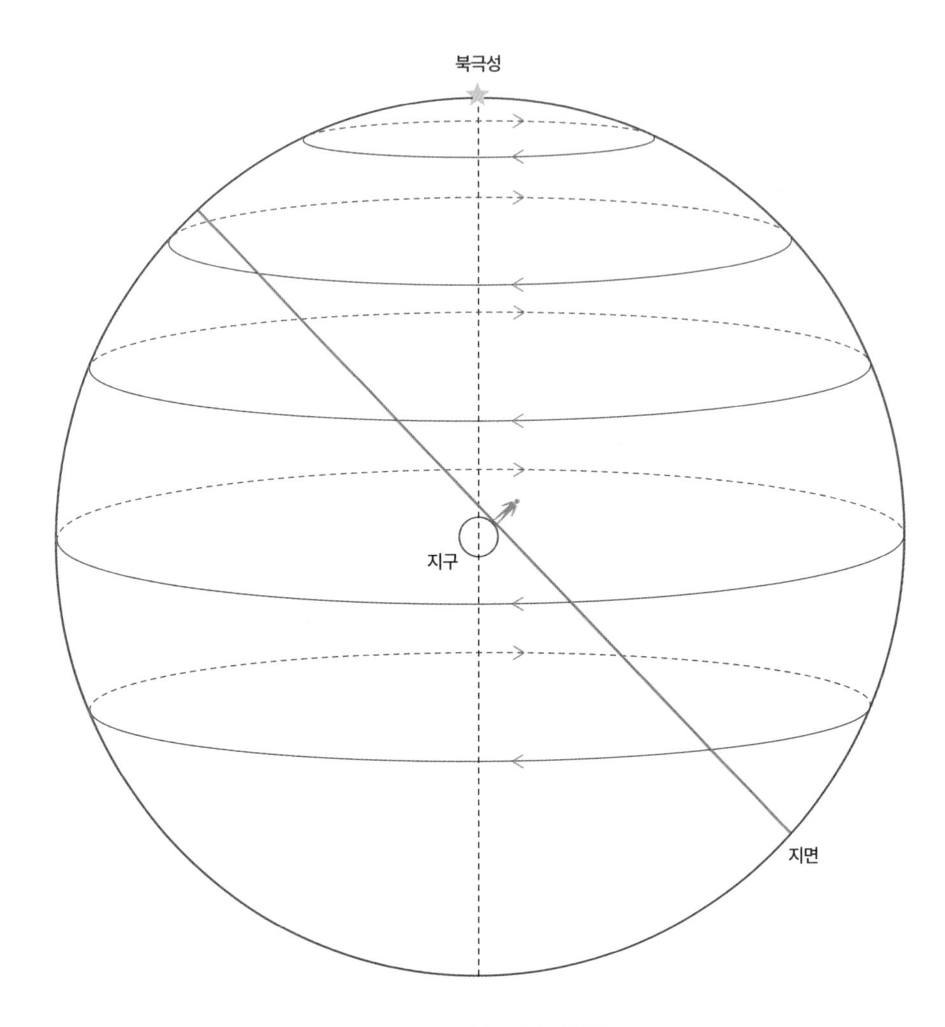

북극성을 중심으로 밤하늘 전체가 회전해요.

만약 정확히 북극점에 서 있는 사람이 밤하늘을 본다면 모든 별이 자신의 머리 위에 위치한 북극성을 중심으로 회전할 거예요. 그리고 정확히 적도 위에 서 있는 사람이 밤하늘을 본다면 모든 별이 땅에서 수직으로 솟아올라 반대편 땅 아래로 똑바로 내려가는 모습을 보게 될 거고요. 우리나라는 북극점과 적도의 중간 지점에 위치하기 때문에 땅에서 40도 정도의 방향에 북극성이 보이고, 우리 눈에 보이는 모든 별 역시 땅에서 40도 정도 기울어진 회전축을 중심으로 회전해요.

북극성 근처의 별과 북극성에서 먼 별

100쪽 위 그림은 우리나라를 기준으로 별이 회전하는 모습이에요. 북극성 근처의 별들은 땅 아래로 내려가지 않고 계속 하늘에 떠서 반시계 방향으로 회전하며 ①과 같은 궤적을 그려요. 북두칠성과 카시오페이아자리의 별이 여기에 해당해요.

그렇다면 1부에서 보았던 여름철 별자리의 대삼각형은 하늘에서 어떻게 움직일까요? 마찬가지로 북극성을 중심으로 회전할 거예요. 다만 북극성에서 좀 떨어져 있기 때문에 ②와 같은 궤적을 그리며 대략 북동쪽과 동쪽 사이쯤에서 떠오르고, 남쪽 하늘 높이 올라갔다가 다시 북서쪽과 서쪽 사이쯤으로 져요. 기울어져서 회전하기 때문에 가장 높이 떴을 때는 남쪽 하늘에서 볼 수 있어요.

여기서 대삼각형이 동쪽에서 떠오를 때와 서쪽으로 질 때만 주목해서 볼게요. 동쪽에서 보이는 대삼각형의 모습과 서쪽에서 보이는 대삼각형의

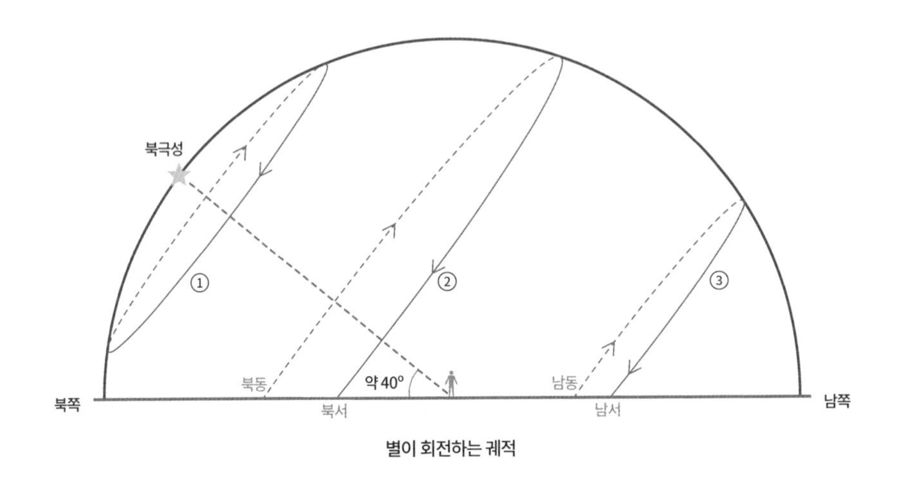

별이 회전하는 궤적

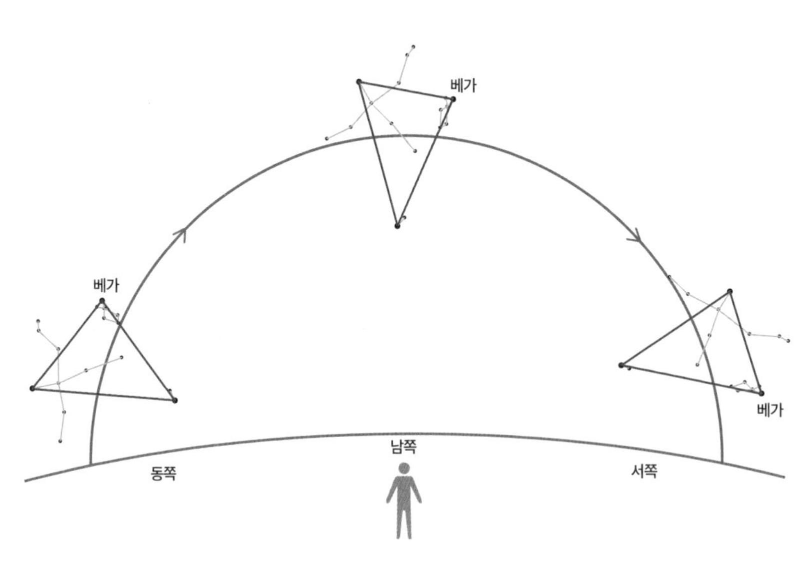

여름철 별자리의 대삼각형이 밤하늘에서 회전하는 모습

모습이 다르다는 점에 주목해 주세요. 동쪽에 있는 삼각형을 회전시키면 서쪽에 있는 삼각형이 돼요. 즉 삼각형은 동쪽에서 떠서 서쪽으로 질 때까지 회전하면서 움직인다는 것을 알 수 있어요.

우리은하의 중심 방향

이번에는 남동쪽에서 떠오르는 별이 하늘에서 어떻게 움직이는지 살펴볼게요. 남동쪽에서 떠오르는 별은 ③의 궤적을 그리며 움직이므로 하늘 높이 올라가지 못해요. 그래서 낮은 산이나 건물만 있어도 쉽게 가려져 안 보일 가능성이 높아요. 대표적으로 여름철 별자리인 궁수자리와 전갈자리가 여기에 해당돼요. 이 두 별자리는 모양이 상당히 독특하고 예쁘지만 도시에서는 온전한 별자리를 관찰하기가 쉽지 않아요.

102쪽 그림은 궁수자리의 일부와 전갈자리의 모습이에요. 궁수자리는 활과 화살 부분의 모양이 주전자처럼 보이는 것이 특징이에요. 전갈자리는 이름처럼 정말 전갈 같은 모양이에요. 전갈자리에서 가장 밝은 별은 전갈의 눈에 해당한다고 볼 수 있는 안타레스인데, 흰색이 아닌 독특한 색깔의 별이에요. 그 앞으로는 전갈의 집게발이 있고 뒤쪽으로는 길게 늘어선 꼬리도 보여요.

궁수자리와 전갈자리가 있는 방향은 우리은하의 중심 방향이기도 해요. 우리은하의 모양을 정말 간략하게 표현하자면 가운데가 볼록하고 날개는 납작한 접시형 UFO처럼 생겼어요. 그리고 우리 태양계는 이 UFO의 중심이 아닌 날개 부분에 위치하고 있어요.

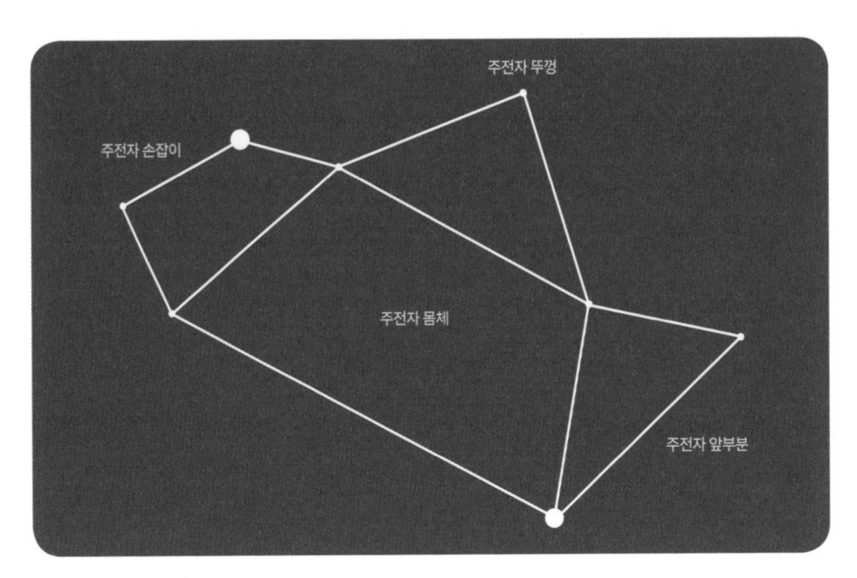

궁수자리

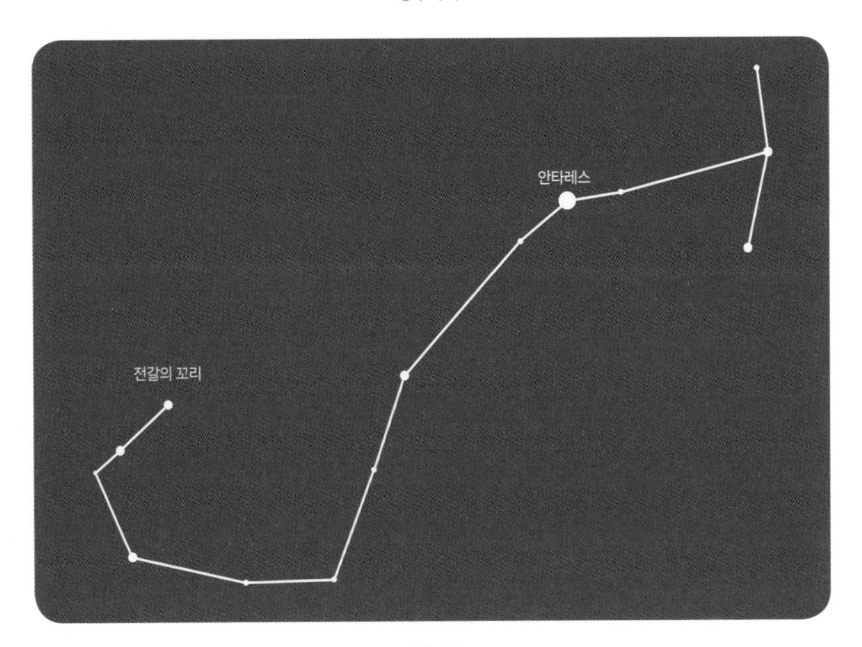

전갈자리

만약 이 UFO 내부에 별을 채운다면 날개 안에 있는 우리가 날개에 수직한 방향을 보는 것보다 날개에 수평인 방향을 볼 때 더 많은 별이 보일 거예요. 또한 이 수평 방향 중에서도 우리은하의 볼록한 중심 방향을 바라볼 때 더 많은 별이 보일 거고요. 별이 너무 많이 보이면 개개의 별들이 겹쳐져서 뿌옇게 보이는데, 이것이 바로 은하수예요. 궁수자리와 전갈자리가 우리은하의 중심 방향이기 때문에 이 두 별자리 근처에서 은하수를 짙게 볼 수 있어요. 다만 궁수자리와 전갈자리는 하늘 높이 올라가지 못하므로 이 부분의 은하수를 보고 싶으면 반드시 남쪽으로 시야가 확 트여 있는 장소에 가야 해요. 또한 관측 환경이 좋은 곳에서는 이전에 알아보았던 백조자리 근처에서도 은하수를 볼 수 있어요.

지구의 회전과 중력

이제 다음 내용으로 넘어가기 전에 한 가지 의문점에 대한 답을 구해볼게요. 앞에서 이야기한 것처럼 지구가 회전한다면 지구 위에 살고 있는 우리도 회전하고 있을 거예요. 그런데 왜 우리는 평소에 이 회전을 느끼지 못하는 걸까요?

만약 엄청나게 커다랗지만 우리 눈에 보이지 않는 어떤 거인이 우리의 발을 밧줄로 묶은 다음 빙글빙글 돌리는 중이라고 생각해 보세요. 그러면 여러분은 발 아래로 누군가가 당기는 힘을 느끼며 회전하게 될 거예요. 그리고 바람이 여러분의 얼굴을 마구 스치며 지나가겠지요. 그러므로 내가 회전하고 있다는 것은 아래로 향하는 힘과 공기가 스쳐 지나가는 촉각

은하수

을 통해 느낄 수 있어요.

이제 이 거인을 지구라고 생각해 볼게요. 너무나 자연스러워서 평소에는 의식하고 있지 않지만 점프를 해 보면 우리는 다시 땅으로 떨어지게 되고, 서 있을 때도 우리가 땅을 누르고 있다는 것을 알 수 있어요. 이것이 바로 지구가 우리를 당기는 힘인 중력이에요.(사실은 지구만 우리를 당기는 것이 아니라 우리도 지구를 당기고 있지만요.) 즉 아래에서 당기는 힘은 우리가 항상 느끼고 있어요. 그런데 다른 하나인 공기가 스쳐 지나가는 촉각은 어째서 느끼지 못하는 걸까요? 이는 놀랍게도 거인인 지구가 공기마저도 우리와 함께 돌리고 있기 때문이에요. 우리는 공기와 함께 회전하고 있어서 공기

의 바람을 느끼지 못해요. 그래서 우리는 단지 중력만을 느끼고 있지만 실제로 회전을 하고 있어요.

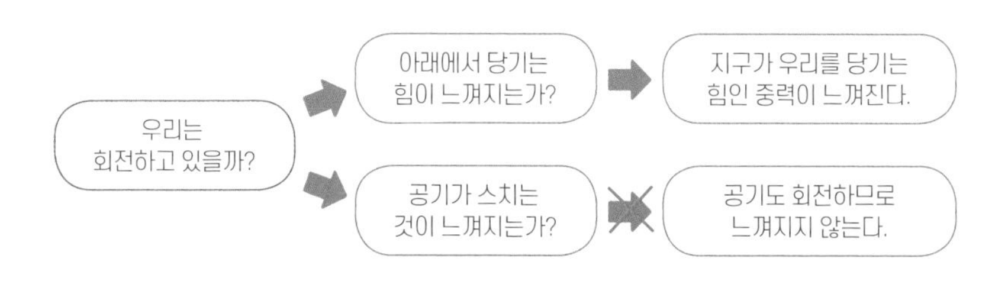

02
회전하는
계절별 별자리

하늘 전체를 단순화해서 북극성을 중심으로 회전하는 사계절 별자리를 나타내 보면, 봄철 별자리 옆에 여름철 별자리가, 여름철 별자리 옆에 가을철 별자리가, 가을철 별자리 옆에 겨울철 별자리가, 또다시 겨울철 별자리 옆에 봄철 별자리가 붙어 있어요. 즉 다음 왼쪽 그림처럼 하늘을 4등분한 후 각각의 영역에 있는 별자리를 봄철, 여름철, 가을철, 겨울철 별자리라고 불러요.

북극성을 중심으로

그런데 밤하늘의 별자리는 고정된 채로 가만히 있지 않았어요. 지구가 북극성을 축으로 회전하므로, 우리가 북극성을 바라보고 있으면 밤하늘은 시계 반대 방향으로 회전하게 돼요. 지구가 한 바퀴 도는 시간이 하루이므로 밤하늘도 하루에 한 바퀴를 돌게 될 거예요. 원판 돌리기 게임

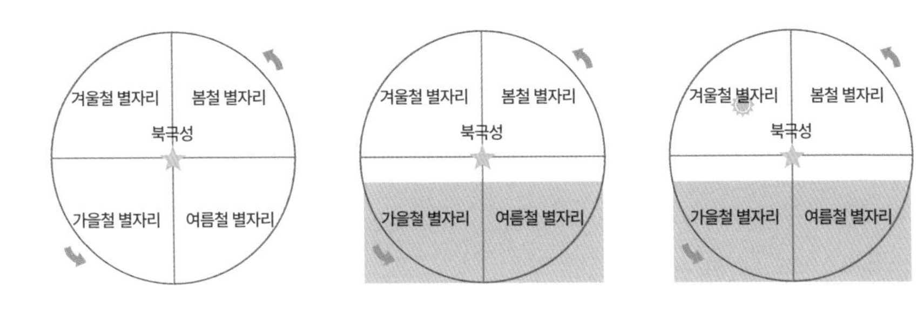

을 하듯이 하늘이 하루에 한 바퀴 회전하는 것으로 생각해 볼 수 있어요.

이제 이 그림에 땅을 한번 추가해 볼게요. 우리는 중위도에 살고 있으므로 북극성은 땅에서부터 약 40도 높이에 위치하고 있었어요. 가운데 그림처럼 땅을 그려 넣으면 땅 위의 하늘만 보일 거예요.

그런데 여기서 한 가지 생각해 볼 것이 있어요. 우리는 태양도 별이라는 것을 알고 있어요. 지구에 가장 가까이 있는 별인 태양은 지구에 커다란 영향을 미쳐요. 그 영향 중 하나가 밤을 낮으로 바꿔 주는 거예요. 태양의 강렬한 빛과 지구의 대기가 만나면 원래는 깜깜했어야 할 하늘이 파랗고 밝게 변해요.

하지만 이렇게 중요한 태양이, 우주의 관점에서는 그저 수많은 별 중 하나일 뿐이에요. 이를 실감하기 위해 지구의 대기가 갑자기 없어졌다고 가정해 볼게요. 그러면 이제 지구에는 '낮'이 없어지고 파란 하늘도 없어지게 돼요. 그래서 파란 하늘에 가려 보이지 않던 수많은 별이 태양과 함께 보이게 돼요.

이처럼 태양도 별과 함께 떠 있는 존재라는 것을 염두에 두어야 해요. 위 그림에서 회전판은 하늘을 나타내고 있었으므로 여기 어딘가에는 태양이 있을 거예요. 예를 들어 한여름, 즉 대략 7월에 태양이 오른쪽 그림처럼 위치하고 있다고 해 볼게요.

여름에는 태양이 겨울철 별자리에 위치하고 있네요. 그러면 여름에는 태양 때문에 대부분의 겨울철 별자리는 안 보일 거라고 추측할 수 있어요. 왜냐하면 겨울철 별자리가 하늘에 떠 있는 동안은 태양도 함께 하늘에 떠 있는, 낮 시간이기 때문이에요.

하늘은 어떻게 돌까?

어느 7월의 하룻밤을 예로 들어 시간에 따라 밤하늘이 어떻게 변화하는지 살펴볼게요. 회전판을 반시계 방향으로 천천히 돌리면, 태양이 서쪽으로 지면서 밤이 시작돼요. 하늘이 돌아가니까 땅 아래에서도 태양은 여전히 움직여요. 그렇게 계속 돌다 보면 어느새 또다시 다음 하루의 아침이 시작돼요. 태양이 땅 위에 있으면 낮이 되어 파란 하늘이 되고, 땅 아래에 있으면 밤이 되어 깜깜한 하늘이 된다는 것에 주목해 주세요.

네 번째 그림인 새벽 1시일 때를 보면 7월 여름임에도 밤하늘에는 봄철 별자리, 여름철 별자리, 가을철 별자리까지 세 계절의 별자리들이 보여요. 즉 여름이라고 여름철 별자리만 보이는 것은 아니에요. 그렇다면 여름철 별자리 영역은 왜 여름철 별자리라고 불리게 된 걸까요?

두 번째 그림인 밤 8시일 때를 보면 해가 진 직후 동쪽 하늘에 여름철 별자리가 있어요. 그리고 밤 10시가 되면 하늘의 절반을 여름철 별자리가 채워요. 밤 1시가 되면 하늘 높이 여름철 별자리가 모두 보이고, 새벽 5시 태양이 뜨기 직전에는 서쪽으로 여름철 별자리가 지려고 해요. 결국 7월

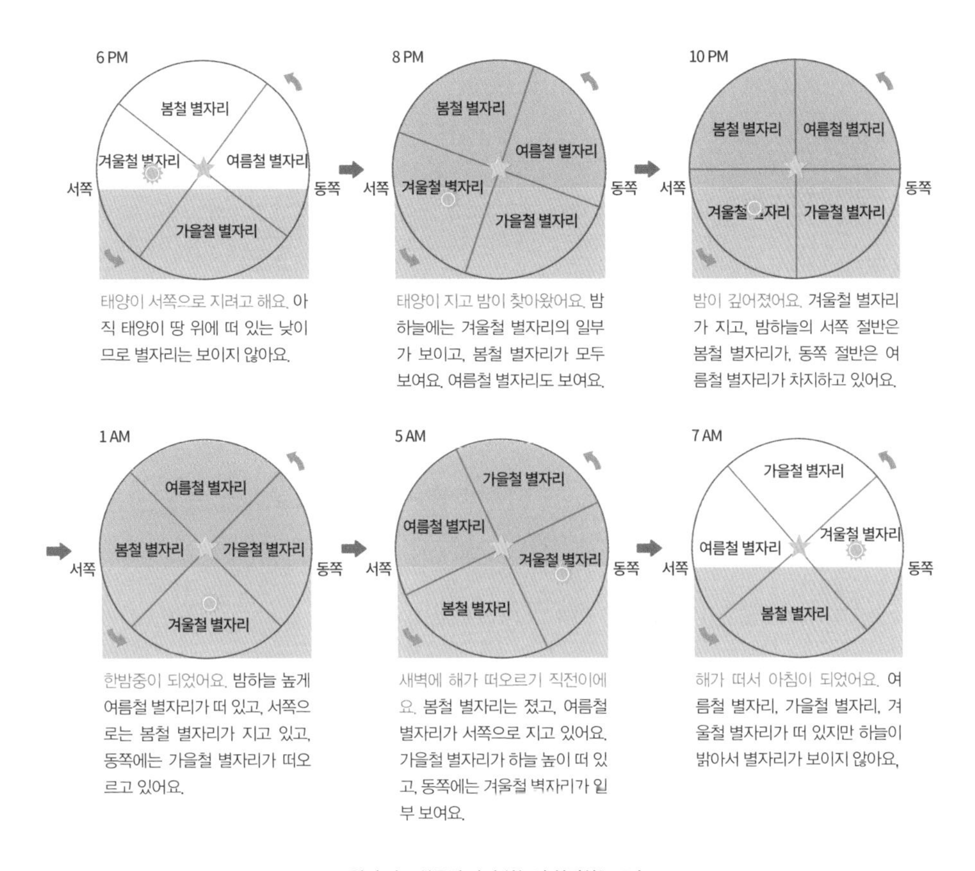

7월의 어느 하룻밤 사이 하늘이 회전하는 모습

의 여름 하룻밤 동안에는 여름철 별자리에 해당하는 영역이 하늘에서 계속 보여요. 물론 다른 계절 별자리도 어느 정도 보이지만 핵심이 되는 건 여름철 별자리예요. 정리하면 태양이 위치한 하늘의 반대편에 있는 별자리가 그 계절의 주인공이라고 할 수 있어요. 그리고 바로 이 영역의 별자리에 그 계절의 이름을 붙인 거예요.

03
태양의 움직임

앞에서 우리는 태양도 하늘에 떠 있는 여러 별 중 하나라는 것을 알아보았고, 지금의 계절과 정반대인 계절 별자리에 태양이 위치한다는 것도 알게 되었어요. 그렇다면 계절이 바뀔 때마다 태양도 하늘에서 위치가 바뀐다는 말이 되는데, 지금부터는 이를 좀 더 자세히 알아볼게요.

태양이 움직이는 길

다음은 태양이 1년 동안 하늘에서 어떻게 움직이는지를 나타낸 그림이에요. 그림을 보면 태양이 1년 동안 느리지만 꾸준히 하늘에서 시계 방향으로 움직이면서 계절별 별자리 사이를 지나가고 있다는 것을 알 수 있어요. 2장에 나왔던 그림은 회전판 자체가 하루 동안 반시계 방향으로 돌아가는 것을 나타내는 그림이었다면, 이번 그림은 회전판 안에서 태양이 1년 동안 시계 방향으로 움직이는 것을 나타낸다는 점에 주의해 주세요.

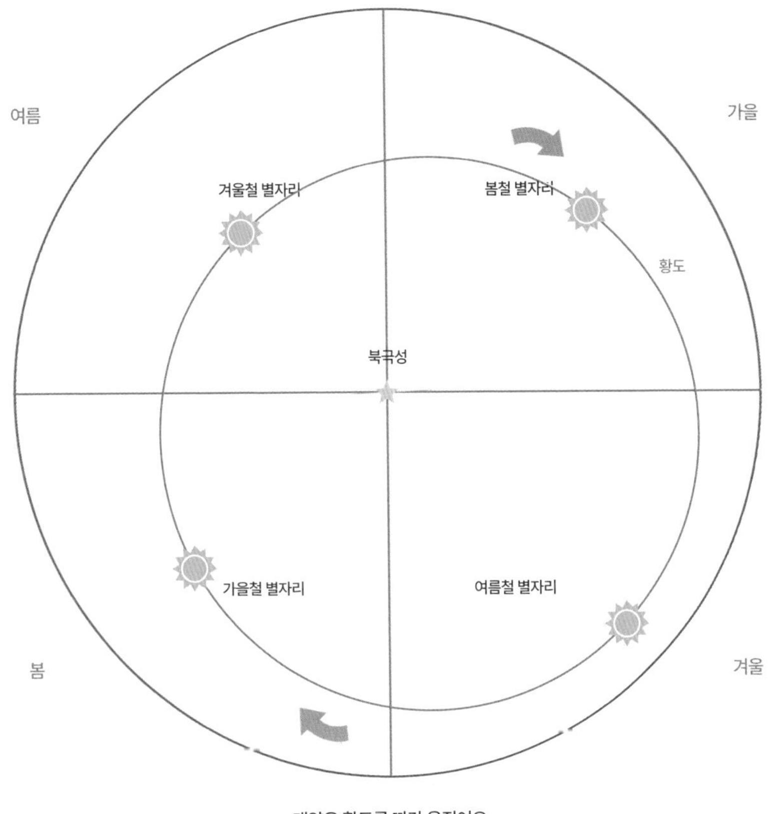

태양은 황도를 따라 움직여요.

이처럼 태양이 별자리 사이를 움직이면 하늘에서 태양이 지나가는 길이 생기게 돼요. 이 길을 황도라고 불러요.

태양은 정해진 길로만 다니기 때문에 이 황도상에 놓여 있는 별자리들만 밟고 지나가요. 그리고 이 별자리들을 모두 지나가면 1년이 흘러 다시 제자리로 돌아와요. 태양이 밟는 길에는 12개의 별자리가 있어요. 이들을 황도 12궁이라고 부르는데, 구체적인 별자리 이름은 다음과 같아요.

양자리, 황소자리, 쌍둥이자리, 게자리, 사자자리, 처녀자리,

천칭자리, 전갈자리, 궁수자리, 염소자리, 물병자리, 물고기자리

(엄밀하게는 뱀주인자리도 지나가긴 해요.)

여러분이 어디서 많이 들어 본 별자리들 아닌가요? 태양이 1년 동안 규칙적으로 이 12개의 별자리를 지나며 움직인다는 것은, 태양이 어느 별자리를 지나고 있는지에 따라 1년을 12개로 나눌 수 있다는 뜻이에요. 그리고 여러분의 탄생 별자리는 바로 여러분이 태어난 날에 태양이 놓여 있는 별자리예요. 이처럼 황도 12궁은 우리의 탄생 별자리와 연결되어 있어요.

또한 앞의 그림에서 태양의 위치를 보면 여름에는 태양이 하늘 높게 뜨고, 겨울에는 낮게 떠요. 봄과 가을에는 중간쯤의 높이까지 올라가고요. 이처럼 여름에는 태양이 높게 뜨고 하늘에 머무는 시간이 길기 때문에 기온이 올라가요. 겨울에는 태양이 낮게 뜨고 하늘에 머무는 시간이 짧아서 춥고, 봄과 가을은 이들 중간쯤에 속하기 때문에 덥지도 춥지도 않아요.

사실 앞의 그림은 하늘을 간단하게 표현하기 위해 전체 하늘을 평평하게 펴서 원 안에 모두 나타낸 모습이에요. 이 그림을 실제의 하늘로 바꿔 생각하려면, 풍선의 꼭지를 묶듯이 바깥 원을 남쪽의 한 점으로 움켜 모아서 구 모양으로 만들어야 해요. 이렇게 하면 바깥 원이 남쪽 방향의 땅 가까이에서 묶이게 돼요. 그러므로 태양이 바깥 원과 가까울수록 낮게 뜨고, 바깥 원과 멀리 떨어져 있을수록 높게 떠요. 마찬가지로 바깥 원에 태양이 가까울수록 태양은 하늘에 더 짧게 머물러요.

태양과 별자리

태양과 별자리의 관계에 대해서 한 가지를 더 살펴보도록 할게요. 태양이 서쪽으로 지고 밤이 된 직후, 여러분이 동쪽 하늘을 보면서 어떤 별자리가 떠오르는지 매일매일 확인한다고 가정해 볼게요. 그러면 늘 똑같은 별자리를 보게 될까요? 하루 이틀 정도는 눈치채지 못할 수도 있지만 한 달 정도가 지나서 확인해 보면 확연히 달라진 점을 발견할 수 있을 거예요. 한 달 전에는 해가 진 직후에 막 떠오르던 별자리가, 한 달 후에는 해가 지자마자 전체 모습이 다 보인다는 것을요. 이처럼 밤하늘의 별자리가 조금씩 빨리 뜨게 되는 것도 태양이 황도를 따라 계속 움직이기 때문에 일어나는 일이에요.

그런데 역시나 궁금증이 생겨요. 왜 태양은 별자리 사이를 움직여 다니는 걸까요? 이전에 우리는 지구가 회전하기 때문에 지구 위에 있는 우

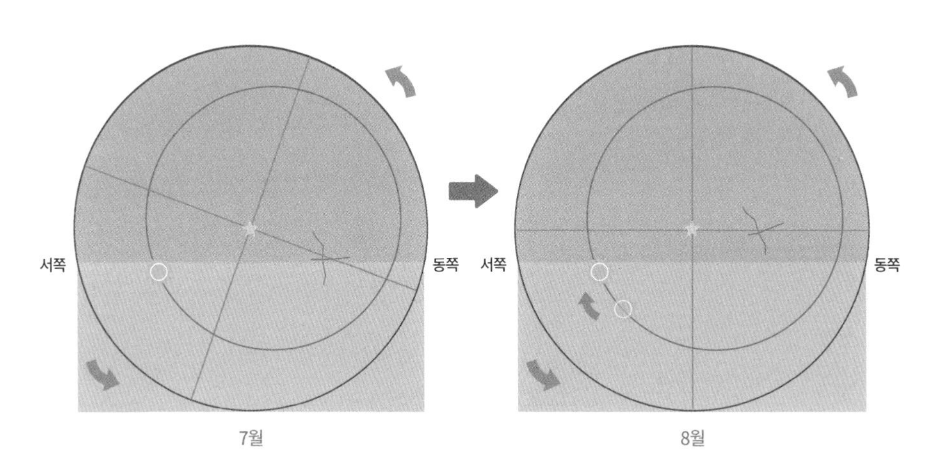

날짜가 지날수록 같은 별자리가 조금씩 빨리 떠요.

리에게는 밤하늘이 회전하는 것처럼 보인다는 점을 알게 되었어요. 태양의 움직임도 마찬가지라고 할 수 있어요. 태양이 아니라 우리 지구가 움직이기 때문에 상대적으로 태양이 별자리 사이를 움직이는 것처럼 보이게 돼요.

지구의 자전과 공전

지금부터는 자전과는 또 다른 지구의 움직임에 대해 알아보려고 해요. 우선 한 가지 상상을 해 볼게요. 만약 우주에 다른 건 하나도 없고 오직 나 혼자와 수많은 별만 있다면 어떨까요? 그리고 무슨 일인지 목이 고정되어 있어서 오직 앞만 바라봐야 한다면요? 이런 상황을 그림으로 그려 보면 아래 왼쪽 그림과 같을 거예요. 고개를 돌리지 못하니까 늘 똑같은 별들만 보이겠죠. 아마 정말 재미없어서 금방 지루해질 거예요.

그런데 다행히도 어느 날 거대한 누군가가 나타나 우리를 팽이처럼 회전하도록 돌려 주고 사라졌어요. 이제 아래 오른쪽 그림처럼 우주에 있

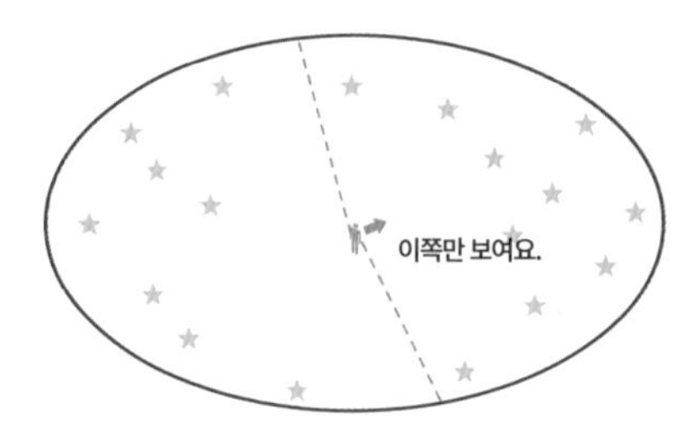

우리가 앞만 볼 수 있다면 항상 같은 별들만 보여요.

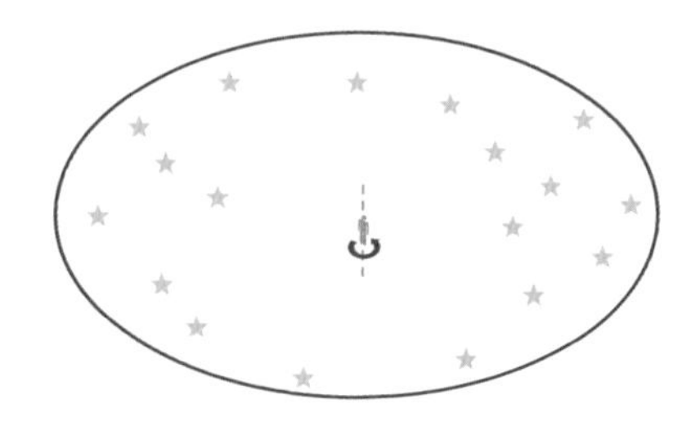
우리가 회전하면 우주 전체의 별을 볼 수 있어요.

는 별을 두루두루 볼 수 있어요.

그런데 태양도 별이니까 그림 어딘가에 태양이 있어야 해요. 태양은 우리에게 가장 가까운 별이므로 다음 왼쪽 그림처럼 우리 근처 임의의 위치에 놓아 볼게요. 이렇게 되면 우리 주변의 대기 때문에 태양 쪽 하늘은 파랗게 돼서 태양 뒤에 있는 별은 보이지 않을 거예요. 이 상태로는 우리가 회전하더라도 밤하늘의 별을 다 볼 수는 없어요. 그러면 어떻게 해야 할까요? 맞아요. 태양을 움직이면 돼요. 예를 들어 다음 오른쪽 그림처럼 태양이 우리 주위를 돌도록 하면 보고 싶은 방향의 별이 파란 하늘에 가려 당장은 안 보이더라도 시간이 지나면 보일 거예요.

여기서 우리의 회전은 한 바퀴 도는 데 하루가 걸리게 하고, 우리를 중심으로 도는 태양은 한 바퀴 도는 데 365일이 걸리도록 해 볼게요. 즉 우리는 태양 반대편의 별을 천천히 보다가 다음 날이 되면 태양이 약간 움직였을 테니까 조금 바뀐 밤하늘을 볼 수 있어요. 이런 식으로 태양이 우리를 한 바퀴 도는 365일 동안 밤하늘의 별을 전부 볼 수 있어요.

어? 그런데 생각해 보니 반대의 경우도 마찬가지예요. 태양을 움직이게 할 수도 있지만, 태양을 가만히 두고 우리가 태양 주위를 돌면서 회전

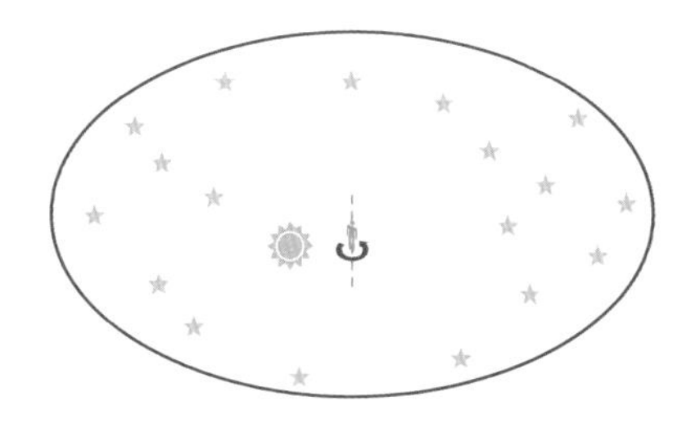
태양 방향의 별은 밝은 하늘 때문에 보이지 않아요.

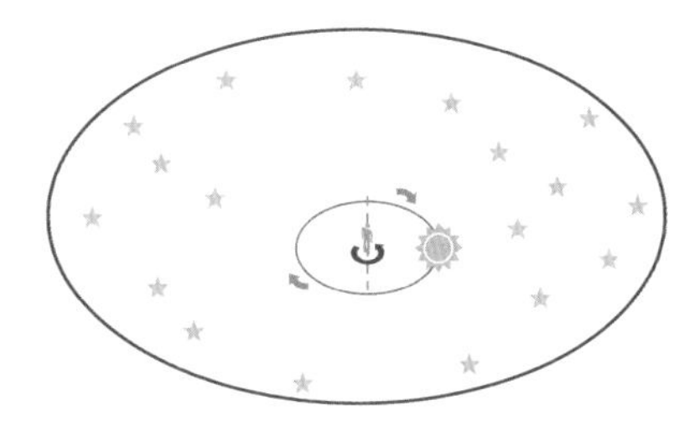
태양이 우리 주위를 돌면 우주 전체의 별을 볼 수 있어요.

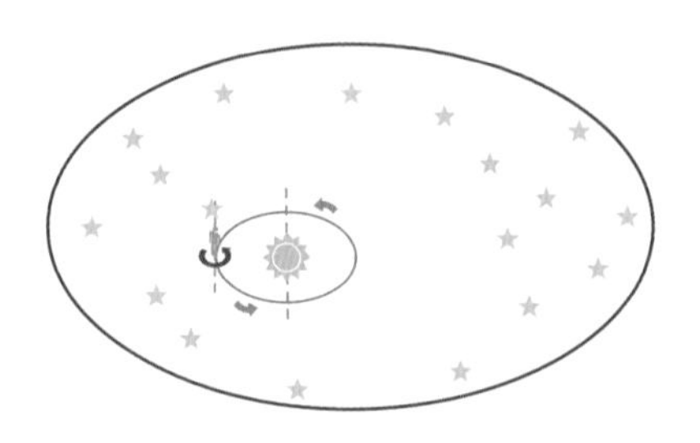

우리가 태양 주위를 돌아도 우주 전체의 별을 볼 수 있어요.

해도 밤하늘의 별을 다 볼 수 있어요.

그렇다면 실제로는 태양이 움직이고 있을까요? 아니면 우리가 움직이고 있을까요? 몸무게가 무거운 사람과 가벼운 사람이 두 손을 마주 잡고 서로 당기면서 빙글빙글 회전하면 어떻게 될까요? 아마 무거운 사람은 거의 움직이지 않는데 가벼운 사람은 무거운 사람을 중심으로 회전하게 될 거예요. 회전의 중심은 무거운 사람 쪽에 치우치게 돼요.

사실 그림에 그려진 사람은, 그림에서는 생략했지만 지구 위에 살고 있는 사람이에요. 태양과 우리가 살고 있는 지구도 마찬가지로 서로 보이지 않는 손을 마주 잡고 서로 당기면서 회전하고 있어요. 무게를 만들어 내는 성질을 우주에서는 질량이라고 부르므로 태양과 지구의 질량을 비교해야 해요. 그리고 당연하게도 태양의 질량이 지구보다 훨씬 커요. 그러므로 지구는 태양을 중심으로 회전하게 될 거예요. 즉 위의 그림처럼 우리가 움직이게 돼요.

그런데 우리는 동시에 두 가지 종류의 회전을 하고 있어요. 즉 우리 스스로를 중심으로 팽이처럼 회전하는 자전과 태양을 중심으로 태양 주변을 회전하는 공전을 함께 하고 있어요. 다만 자전과 공전의 속도는 달라

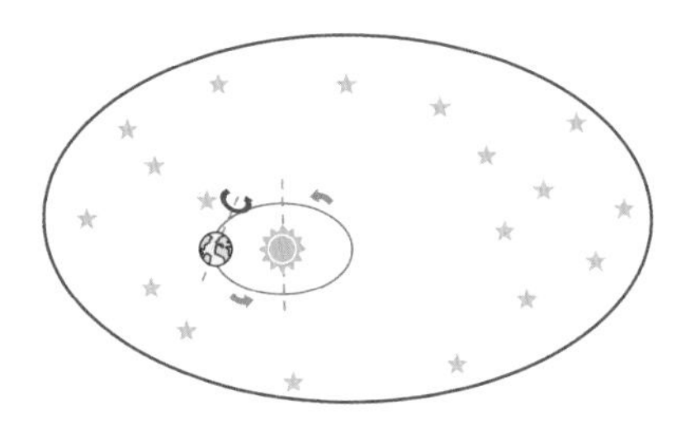

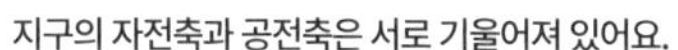

지구의 자전축과 공전축은 서로 기울어져 있어요.

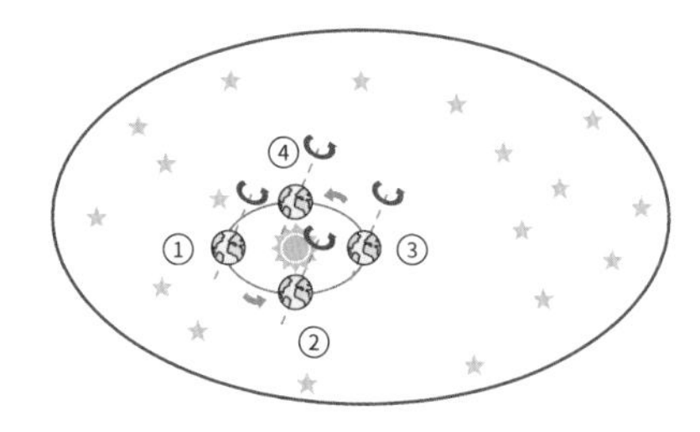

지구는 자전축이 기울어진 채로 공전해요.

요. 자전은 하루(1일)에 한 바퀴, 공전은 1년(365일)에 한 바퀴를 회전해요. 공전이 훨씬 오래 걸려요.

또한 지금까지의 그림에서는 지구의 자전축과 공전축이 모두 똑바로 서 있는, 같은 방향이에요. 그러면 우리가 바라보는 태양은 언제나 똑같은 방향에서 떠올라 똑같은 높이까지 올라갔다가 똑같은 방향으로 지게 될 거예요. 태양에서 우리가 있는 곳에 오는 빛의 양도 항상 똑같을 테니 기온도 똑같이 유지되어 1년 내내 하나의 계절만 존재할 거예요. 그러면 너무 재미가 없을 테니 그림에 조금 변화를 줘 볼게요.

위 왼쪽 그림은 공전축은 그대로 두고 자전축만 조금 기울인 모습이에요. 이번에는 우리의 모습도 그냥 지구로 나타냈어요. 이 지구에서 북극과 적도 사이 중위도 지역에 우리가 있어요. 실제로 태양과 지구는 크기 차이가 많이 나고 둘 사이의 거리도 그림에서 보는 것보다 많이 떨어져 있지만 그런 부분들은 무시하고 보기 편하게 그렸어요.

이제 지구는 위 오른쪽 그림처럼 자전축과 공전축이 일치하지 않은 상태로 움직여요. 지구가 놓인 위치에 따라 태양이 떠오르는 방향도 달라지고(북동쪽에서 남동쪽 사이) 태양이 얼마나 높게 떠오르는지도 달라져요. 물론 태양이 지는 방향(북서쪽에서 남서쪽 사이)과 태양이 하늘에 머무는 시간도 달라지겠죠. 이로 인해 태양에서 우리가 있는 곳에 도착하는 빛의 양도 변하면서 계절이 생기게 돼요. 오른쪽 그림에서 지구가 ①의 위치에 있을 때가 여름, 맞은편인 ③이 겨울, 그리고 ②와 ④가 각각 가을과 봄이에요.

그리고 우리가 공전하는 동안 자전축은 그 기울어진 정도가 그대로 유지되므로 이 자전축 방향에 별이 있다면 그 별도 1년 동안 밤하늘에서 여전히 하루 회전의 중심이 되어 줄 거예요. 이 별이 바로 앞서 본 북극성이에요.

이렇게 해서 우리는 우리에게 가장 특별한 별인 태양과 지구가 우주에서 서로 어떻게 놓여 있고, 서로 어떻게 움직이고 있는지를 알게 되었어요. 그리고 다행히도 우리가 자전과 공전이라는 두 종류의 회전을 함께 하고 있기 때문에 태양 때문에 못 볼 수도 있었던 우주의 별들을 두루두루 볼 수 있다는 것도 알게 되었어요.

다음 이야기에서는 밤하늘에서 그 어떤 별보다도 밝게 빛나는 행성들을 만나 볼게요.

4부

행성

지구의 형제들

01
별보다 밝은 행성

밤하늘을 올려다보았을 때 어떤 천체가 굉장히 밝게 빛나고 있다면 여러분은 자연스럽게 궁금해질 거예요.

'와! 엄청 밝게 빛나네. 저것도 별인가? 그런데 별이라고 하기에는 너무 밝은데, 꼭 누가 하늘에 인공조명을 켜 놓은 것 같아. 아, 그럼 별이 아니라 인공위성인가?'

별일까? 인공위성일까? 행성일까?

아마 밝게 빛나는 무언가를 본 사람 대부분은 이런 생각을 해 보았을 거예요. 결론부터 말하면, 도시의 밤하늘에서 독보적으로 밝게 빛나는 천체는 아마 별도 아니고 인공위성도 아닐 거예요. 이 천체는 행성일 가능성이 가장 높아요.

태양계의 여러 행성 중에서도 여러분이 본 건 금성, 목성, 화성 중 하나일 거예요. 태양계에는 지구를 제외하고 수성, 금성, 화성, 목성, 토성, 천왕성, 해왕성의 7개 행성이 있지만 그중 도시에서 맨눈으로 잘 볼 수 있을 만큼 밝은 행성은 금성, 화성, 목성, 토성 4개뿐이에요. 이 4개의 행성 중에서도 하늘에 불을 켜 놓은 듯이 밝게 빛나는 행성은 금성, 목성, 화성밖에 없어요. 그중에서도 금성과 목성이 가장 밝고, 화성은 잘 보면 색깔이 희지 않아요. 토성은 나머지 3개 행성보다 덜 밝아서 그저 평범한 밝은 별처럼 보일 거예요.

그렇다면 어떻게 인공위성은 아니라고 말할 수 있을까요? 인공위성은 사람이 만들어서 하늘에 올려놓은 인공적인 물체로, 태양 빛을 반사해서 빛이 나요. 인공위성에는 여러 종류가 있는데 우리가 관측 가능한 인공위성은 한곳에 머물러 있지 않고, 마치 개미가 하늘을 기어가듯 천천히 움직여요. 밤하늘의 별을 관측하다 보면 심심치 않게 별처럼 생긴 하얀 점이 천천히 움직이는 것을 발견할 수 있는데, 이것이 바로 인공위성이에요. 인공위성은 행성처럼 엄청나게 밝지는 않다는 점을 기억해 주세요.

우리 눈에 보이는 모든 별 중에서 태양을 제외하고 가장 밝은 별은 겨울철 별자리인 큰개자리의 시리우스예요. 그런데 시리우스가 밝기는 하지만 금성과 목성에 비하면 어두운 편이고, 겨울철에 보이는 다른 별들과 함께 관측되기 때문에 시리우스와 행성이 헷갈리지는 않을 거예요.

오히려 봄철 별자리인 목동자리의 아르크투루스를 행성으로 착각할 수 있어요. 아르크투루스가 시리우스보다는 덜 밝긴 하지만 주변에 밝은 별 없이 혼자 빛나고 있어서 상대적으로 더 밝게 느껴지기 때문이에요. 하지만 실제로 행성과 아르크투루스가 밤하늘에 같이 보인다면, 아르크투루스보다 행성이 훨씬 밝다는 것을 체감할 수 있을 거예요.

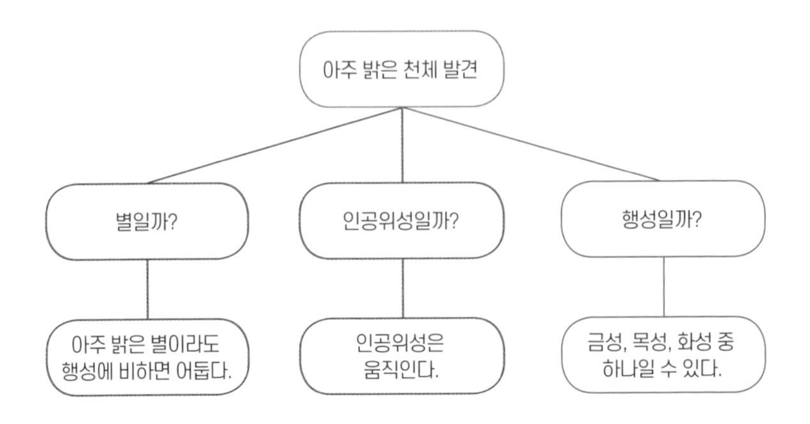

그런데 우리가 이전에 살펴보았던 별들은 스스로 빛나는 반면에 행성들은 지구가 그러하듯이 스스로 빛을 내뿜지 않아요. 그렇다면 왜 금성과 목성이 밤하늘에서 다른 별보다 더 밝게 빛나고 있는 걸까요?

우리가 어두운 방 안에서 무언가를 보려면 조명이 필요해요. 조명에서 나온 빛이 물체에 부딪혀 반사되면 이 반사된 빛을 통해서 우리는 그 물체를 볼 수 있어요. 이와 마찬가지로 행성들도 스스로 빛을 내지는 못하지만 주변의 별빛을 반사하고, 우리는 그 반사된 빛을 통해서 이들을 볼 수 있어요. 우리 눈에 보이는 태양계의 행성들은 태양 빛을 반사하는데, 이 행성들은 우주에 있는 별들에 비하면 우리 지구에 굉장히 가까이 있어요. 멀리 있는 별에서 오는 빛보다 가까운 곳에서 태양 빛을 반사하는 행성의 빛이 더 강하기 때문에 행성이 별보다 더 밝게 보이는 거예요.

그럼 지금부터 도시에서도 잘 보이는 4개의 행성을 볼거리가 많은 순서대로 살펴볼게요.

02
목성

행성은 별과 다르게 볼 때마다 새로워요. 별은 망원경으로 봐도 대부분 하얀 점으로 보일 뿐이지만 행성을 망원경으로 보면 늘 새로운 모습이 보여요. 행성 중에서도 목성과 토성을 망원경으로 보면 엄청나게 멋진 모습을 볼 수 있어요. 우리는 우선 목성부터 살펴볼게요.

맨눈으로 보는 목성은 굉장히 밝은 점처럼 생겼어요. 나는 별들이 검은 밤하늘에 하얀 볼펜으로 점을 '콕' 찍은 것처럼 보인다면 목성은 그보다 두꺼운 사인펜으로 '꾹' 눌러 찍은 점처럼 보인다고 표현할 수 있을 것 같아요.

아름다운 줄무늬와 대적점

이 빛나는 점을 망원경으로 보면 놀랍도록 아름다운 모습이 펼쳐져요. 물론 관측 환경에 따라 보이는 모습이 많이 다르지만 두꺼운 갈색 줄 하나가 눈에 가장 먼저 들어와요. 그 주변으로도 흐릿하지만 얇은 갈색 줄

대적점과 줄무늬가 보이는 목성

이 여러 개 보여요. 처음에 목성을 보면 이 줄무늬가 신기해서 계속 바라보게 돼요. 자세히 보다 보면 목성의 중심에 가까이 있는 줄에서 갈색 타원을 발견할 수 있을지도 몰라요. 이 갈색 타원을 커다랗고 빨간 점이라는 의미에서 대적점 또는 대적반이라고 불러요. 목성은 기체로 이루어져 있는데, 대적점은 이 기체가 크게 소용돌이치는 현상이에요.

사실 저는 책이나 인터넷에 있는 목성의 사진을 보며 이 대적점을 꼭 한번 직접 눈으로 보고 싶었어요. 그래서 망원경으로 이 갈색 타원을 처음 봤을 때 '진짜 목성에 대적점이 있구나.' 하며 감동했던 기억이 나요.

망원경으로 계속해서 목성을 바라보고 있으면 재미있게도 대적점이 조금씩 움직여요. 목성도 지구처럼 자전을 하기 때문에 나타나는 현상이에요. 지구는 한 바퀴를 도는 데 24시간이 걸리지만, 목성은 훨씬 빨라서 10시간이면 한 바퀴를 돌아요. 그래서 실제로는 목성 전체가 회전하지만 우리가 보기에는 대적점만 이동하는 것처럼 보여요. 만약 목성의 왼쪽에서 대적점을 발견했다면 2시간 정도 후에는 가운데로 오고, 또다시 2시간 정도 지나면 거의 오른쪽 끝으로 이동해서 점점 사라질 거예요. 즉 운이 좋다면 4시간 가까이 대적점의 움직임을 관찰할 수 있어요.(이처럼 오랫동안 목성을 관측하려면 지구의 자전 속도에 맞춰 자동으로 회전하는 모터가 달린 망원경이 필요한데, 이는 8부에서 자세히 알아볼게요.) 만약 목성을 보았을 때 대적점이 보이지 않는다면 목성 뒤편에 있는 거예요. 이때는 아쉽지만 다음 기회를

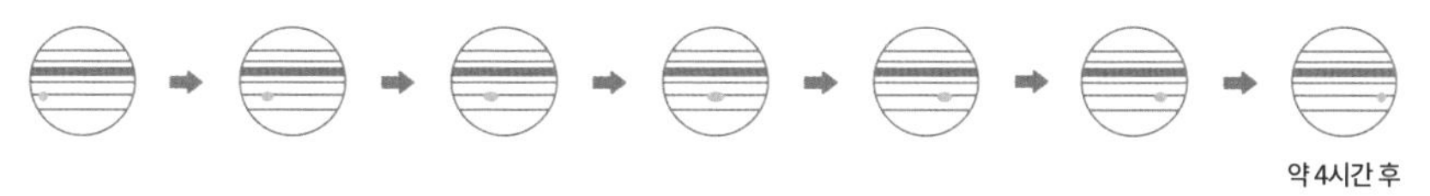

대적점의 이동

기다려야 해요.

다음을 기다린다는 말이 나온 김에 초보 관측자에게 필요한 마인드 하나를 알려 드릴게요. 그것은 바로 '내가 보고 싶은 것을 하늘이 항상 허락하지는 않는다.'예요. 아무리 목성이 보고 싶어도 목성이 태양 근처에 있는 시기에는 볼 수 없어요. 마찬가지로 아무리 오리온자리를 보고 싶어도 한여름에는 볼 수 없어요. 또한 설령 밤하늘에 오리온자리와 목성이 둘 다 있다고 하더라도, 구름이 많이 끼거나 비가 내리면 역시 볼 수 없어요. 즉 날씨가 안 좋으면 아무리 그날 모든 준비를 했더라도 볼 수가 없는 거예요.

예전 사람들은 우리 지구가 세상의 중심이라고 믿었지만 적어도 우리 태양계에서는 태양이 중심이에요. 이와 마찬가지로 밤하늘을 관측할 때만큼은 적어도 내가 중심이 되는 세상에서 벗어날 필요가 있어요. 밤하늘의 순리에 몸을 맡긴다고 해야 할까요? 원하는 대상을 지금 만나지 못하더라도 기다리면 언젠가 볼 수 있을 거라는 희망을 품고 다음을 기약하면서 마음을 내려놓는 것이 좋아요. 그리고 정말로 시간이 지나 때가 되어서 원하는 대상을 만나면 그 기쁨이 더 커지는 것 같아요.

4개의 달

그럼 다시 목성 이야기로 돌아올게요. 목성 주변에는 줄무늬와 대적점 말고도 관측할 수 있는 또 다른 천체들이 있어요. 그것은 바로 목성 주위를 도는 4개의 달이에요. 우리 지구에 달이 있듯이 목성에도 달이 있어요. 위성이라고도 불리는 달은 그 행성을 중심으로, 행성의 주변을 회전하

목성의 4개 달

는 천체를 말해요. 우리 지구는 달이 하나지만 목성은 지구에 비해 질량이 굉장히 커서, 지금까지 알려진 달의 개수가 무려 80여 개에 달해요. 이 중 크기가 큰 4개의 달을 갈릴레이 위성이라고 하는데, 목성에 가까운 순서대로 이오, 유로파, 가니메데, 칼리스토예요. 지구의 달은 지구를 한 바퀴 도는 데 약 27일이 걸리는 반면에 목성의 달인 이오는 약 2일이면 한 바퀴를 돌고, 유로파는 약 4일, 가니메데는 약 7일, 칼리스토는 약 17일이면 한 바퀴를 돌아요. 망원경으로 목성을 보면 목성과 이 4개의 달이 함께 보이는데, 그때는 '아마 우주에서 지구와 달을 본다면 이런 느낌이겠구나.' 하는 생각이 들어요.

어느 날 목성을 망원경으로 보았더니 목성의 달 4개가 보였다고 해 볼게요. 목성의 달들은 실제로는 서로 다르게 생겼지만 우리가 망원경으로 볼 때는 모두 똑같이 하나의 작은 점으로 보여요. 그래서 구분이 안 되기 때문에 그림처럼 달들이 보였을 때 어떤 달이 이오인지, 어떤 달이 유로파인지 궁금할 수 있어요. 이오가 목성에서 가장 가까우니까 망원경으로 볼 때 목성과 가장 가까이 있는 ②가 이오일까요? 그리고 가장 멀리 있는 달이 칼리스토니까 ①이 칼리스토일까요? 이 질문에 대한 답은 "확실하게 알 수 없다."예요. 왜냐하면 우리는 목성을 위에서 바라보는 것이 아니라 거의 옆에서 바라보기 때문에 가장 멀리 있는 칼리스토도 경우에 따라서는 목성에 가장 가까이 있는 것처럼 보여요. 이 경우를 그림으로 나타내 보면 이

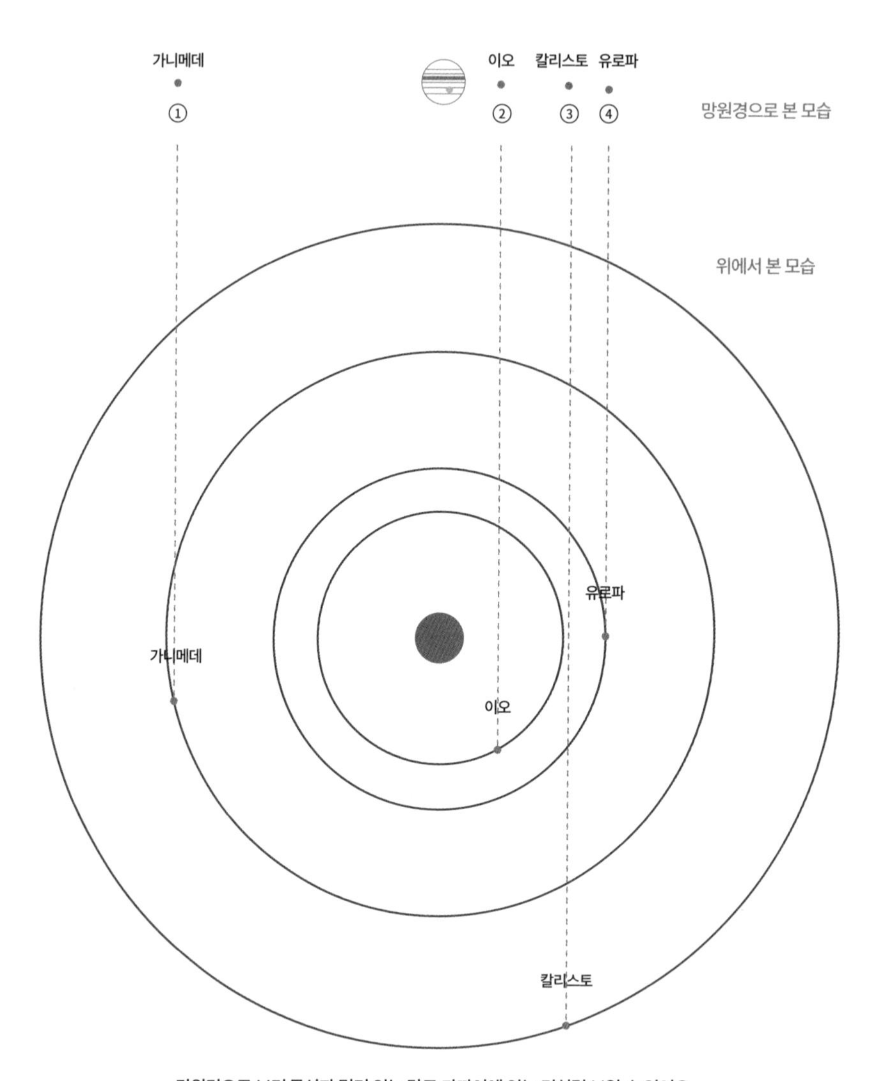

망원경으로 보면 목성과 멀리 있는 달도 가까이에 있는 것처럼 보일 수 있어요.

해하기 쉬워요. 관측할 때 가장 가까이 있던 ②가 실제로도 가장 가까이 있는 이오가 맞았지만, 목성에서 가장 멀리 있는 칼리스토는 오히려 유로파보다도 가까이 있는 것처럼 보여요. 이처럼 단지 망원경 관측만으로는 어떤 달인지 알 수가 없어요. 그런데 사실 정확히 어떤 달인지 아는 건 우리에게 중요하지 않아요. 다만 '아! 지금은 목성의 달들이 이렇게 놓여 있구나.'라고 생각하기만 해도 충분해요. 우리는 그저 취미로 관측하고 있을 뿐이니까요. 그럼에도 불구하고 정 알고 싶다면 컴퓨터의 별자리 프로그램을 통해 알아낼 수 있어요. 별자리 프로그램은 5부에서 자세히 다룰게요.

볼수록 새로운 목성의 달

목성의 달을 관측했다면 다음 날 다시 한번 관측해 보는 것도 재미있어요. 그러면 전날과는 다르게 배치된 달을 확인할 수 있을 거예요. 어쩌면 이번에는 4개가 아니라 3개나 2개의 달만 보일지도 몰라요. 나머지 달은 목성 뒤편에 숨어 있을 거예요. 이처럼 목성은 달의 위치가 계속해서 바뀌기 때문에 볼 때마다 새로운 재미가 있어요.

그리고 어떤 때는 목성의 표면에 작고 검은 점이 보일 때가 있어요. 이 검은 점은 목성의 달 중 하나의 그림자가 드리워진 거예요. 만약 여러분이 그 그림자 속에 있다면 어떨까요? 그림자에 가려 태양이 보이지 않을 거예요. 지구에서도 이런 일이 일어나요. 일식이라고 부르는, 달이 태양을 가리는 현상이 바로 이와 같이 지구 표면에 비친 달의 그림자 속에 우리가 들어갔을 때 일어나는 현상이에요. 일식은 6부에서 자세히 이야기해 볼게요.

목성은 이처럼 갈색 줄무늬와 대적점, 4개의 달, 목성에 비친 달의 그림자와 같은 볼거리가 풍성한 행성이에요. 이러한 볼거리가 매번 다른 모습으로 바뀌기 때문에 매일매일 새로운 모습을 관측하는 재미가 있어요.

03
토성

만약에 밤하늘의 수많은 관측 대상 중에 딱 하나만 관측할 수 있다면 저는 아마도 토성을 볼 거예요. 그만큼 토성은 매력적인 행성이에요. 목성이나 금성은 다른 별에 비해 엄청나게 밝아 쉽게 알아볼 수 있지만 토성은 그리 밝지 않아서 맨눈으로 보면 그냥 별처럼 보여요. 하지만 망원경으로 들여다보면 그 아름다움을 알 수 있어요.

허리띠를 두른 행성

토성의 가장 멋진 특징은 뭐니 뭐니 해도 고리라고 할 수 있어요. 망원경으로 보면 이 고리가 선명하게 보이는데, 그 모습이 어찌나 인상적인지 한참을 쳐다보게 돼요. 토성의 고리는 사실 토성 주변의 작은 알갱이들이 집단을 이뤄서 달처럼 토성을 중심으로 회전하고 있는 모습이에요. 토성 가까이에서 고리를 보면 이 알갱이들이 따로따로 보이겠지만 우리는 멀리

고리가 예쁜 토성

서 보기 때문에 마치 원반과도 같은 예쁜 고리로 보여요.

앞서 살펴보았듯 우리가 사는 지구는 태양을 중심으로 공전하는데, 이렇게 지구의 위치가 바뀌면 우리가 토성을 바라보는 각도도 조금씩 달라져요. 그래서 어떤 기간에는 토성의 고리가 굉장히 보기 좋은 각도로 놓이는 반면 어떤 기간에는 토성을 거의 옆에서 바라보게 되어 고리가 얇게 보이기도 해요.

토성은 사실 이 고리만 확인해도 충분히 멋진 행성이지만 조금 더 관찰할 수 있는 것들이 있어요. 망원경으로 토성을 보다 보면 그 주변에 별 같은 천체가 하나 보이는데, 이는 토성의 달 중 하나인 타이탄이에요. 토성도 목성처럼 많은 달이 있지만 그중 가장 잘 보이는 달이 바로 이 타이탄이에요.

또한 토성의 고리를 자세히 살펴보면 고리 중심으로부터 조금 바깥쪽에 검은 틈처럼 고리가 살짝 비어 있는 것 같은 부분이 보일 수도 있어요. 사실 토성의 고리에는 이런 틈이 많이 있는데 이 중에 우리 눈에 가장 잘

토성의 고리가 아주 얇게 보일 때도 있어요.

보이는 이 큰 틈을 카시니 간극이라고 불러요. 카시니 간극을 직접 관측할 수 있으면 좋겠지만 그렇다고 해서 너무 눈을 부릅뜨고 볼 필요는 없어요. 여러분이 어떤 망원경으로 토성을 보게 될지 모르겠지만, 그 망원경으로 보일 수도 있고 안 보일 수도 있기 때문이에요. 만약 보이지 않는다면 나중에 천문대에 들러서 큰 망원경으로 자세히 보는 것도 좋은 방법이에요.

04
금성

금성과 목성은 굉장히 밝기 때문에 다른 별과 구별할 수 있다고 했어요. 그렇다면 이 둘은 서로 어떻게 구별할 수 있을까요? 여러분은 아마 태양계 행성들의 순서를 '수금지화목토천해'로 암기했을지도 모르겠어요. 이는 태양과 가까이 놓인 순서대로예요. 여기서 금성의 위치가 중요한데, 태양에 수성 다음으로 가까이 있는 행성이 금성이에요. 즉 금성은 태양과 가까운 곳에 있다는 점을 기억해 주세요.

태양에 가까운 금성

그렇다면 금성은 우리가 보는 하늘에서도 태양 주변에 있을 거예요. 예를 들어 태양이 서쪽 하늘에 있는데 금성이 그 반대편인 동쪽 하늘에 있을 수는 없어요. 태양이 서쪽에 있다면 금성도 서쪽 근처에 있어야 해요. 마찬가지로 태양이 동쪽 하늘에 있다면 금성도 동쪽 하늘 근처에 있을 거

금성

예요. 그러므로 금성은 반드시 2가지 상황에서만 보여요.

> 첫 번째, 해가 동쪽에서 뜨기 직전 땅과 가까운 동쪽 하늘에 금성이 보인다.
> 두 번째, 해가 서쪽으로 진 직후 땅과 가까운 서쪽 하늘에 금성이 보인다.

보통은 첫 번째보다 두 번째 경우로 금성을 보는 일이 많을 것 같아요. 해가 지고 집으로 돌아가는 길에 해가 진 쪽의 낮은 하늘에서 굉장히 밝은 천체를 발견한다면 금성일 가능성이 높아요. 만약 태양이 서쪽으로 진 직후 밤이 되었는데 동쪽에 엄청나게 밝은 천체가 보인다면 목성일 거예요. 금성일 수가 없으니까요. 마찬가지로 새벽에 서쪽에서 엄청나게 밝은 천체가 보인다면 역시 목성일 거예요. 금성일 수가 없으니까요. 즉 태양과 멀리 떨어져서 아주 밝게 빛나는 천체가 있다면 그 천체는 금성이 아니라

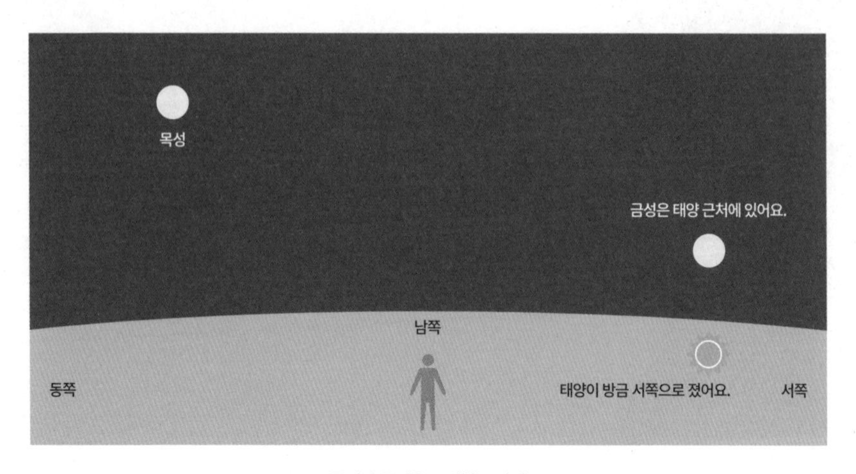

목성과 금성을 구별하는 방법

목성이에요. 다음 그림처럼 태양이 진 직후에 하늘에 금성과 목성이 둘 다 뜬 경우라면 서쪽에 있는 천체가 금성, 동쪽에 있는 천체가 목성일 거예요.

하지만 아쉽게도 이 방법만으로 완전하게 금성과 목성을 구별할 수는 없어요. 금성은 태양 곁을 떠날 수 없지만 목성은 태양과 가까이 있을 수도, 멀리 있을 수도 있기 때문이에요. 즉 태양이 서쪽으로 지고 서쪽 하늘에 엄청나게 밝은 천체가 있다면 이 천체는 금성일 수도 있고 목성일 수도 있어요.

역시나 이 둘을 구별하는 확실한 방법은 망원경으로 직접 들여다보는 거예요.(또는 별자리 프로그램을 이용해서 구별하는 방법도 있어요.) 목성이 어떤 모습인지는 앞에서 알아보았으므로 이번에는 금성이 망원경으로 어떻게 보이는지 알아볼게요.

금성은 목성과 토성에 비하면 망원경으로 보는 재미가 조금 떨어지는 편이에요. 목성과 토성은 특징적인 모습이 금방 눈에 띄지만 금성은 그저

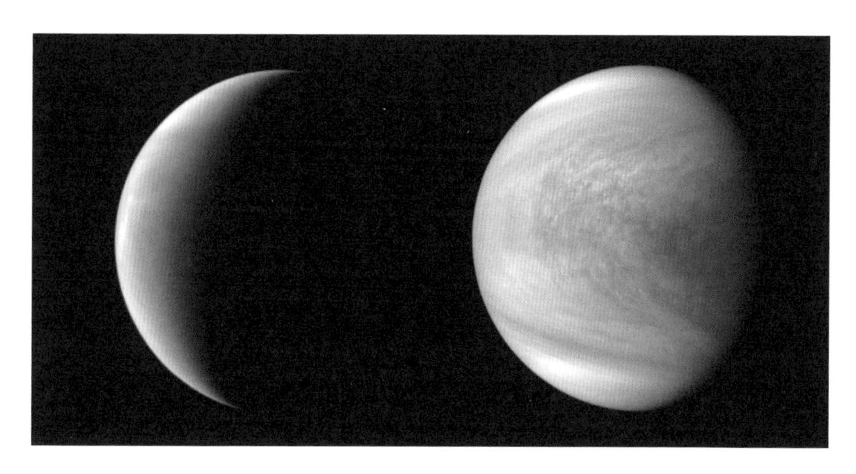

금성도 달처럼 위치에 따라 모습이 바뀌어요.

밝고 작은 점으로만 보이기 때문이에요.

하지만 금성에도 금성만의 볼거리가 존재해요. 여러분은 지구의 달 모양이 초승달에서 반달로, 반달에서 보름달로 바뀐다는 것을 알고 있을 거예요. 태양과 지구와 달이 어떤 각도로 놓이느냐에 따라 모양이 달라져요. 마찬가지로 태양 빛을 받고 있는 금성도 위치에 따라 모습이 바뀌어요. 어떤 때는 반원의 모습으로, 또 어떤 때는 손톱 모양으로 보여요. 비록 금성이 지구의 달처럼 크게 보이지는 않지만 이 모양 변화만큼은 망원경을 통해 확실하게 확인할 수 있어요. 맨눈으로 봤을 때 그냥 점처럼 보이는 금성이, 망원경으로 보면 반원의 모습이라는 것을 확인하면 그게 또 상당히 신기한 느낌이 들어요.

05

화성

화성을 망원경으로 보면 조그마한 붉은 원이 보여요. 때로는 원에서 한쪽 테두리가 조금 가려진 모습으로 보이기도 해요. 그런데 화성이 이렇게 단순히 붉기만 한 건 아니에요.

붉은 원과 하얀 점

화성을 자세히 보면 붉은 바탕에 연지 곤지를 찍은 것처럼 한쪽 끝 근처에 하얀 점 같은 것이 보일 수도 있어요. 이를 극관이라고 하는데 지구의 북극과 남극처럼 화성에 있는 이산화탄소 얼음이에요. 하지만 극관을 보기 위해 너무 애쓸 필요는 없어요. 극관은 커졌다 작아졌다 하기 때문에 보이지 않는 시기일 수도 있고, 망원경과 밤하늘 환경에 따라 안 보일 수도 있기 때문이에요. 설령 보지 못했더라도 언제가 보게 될 기회를 기다리며 여유를 갖는 것이 좋아요.

극관이 보이는 화성

06
별자리를 배경으로 움직이는 행성

목성, 토성, 금성, 화성을 우리는 행성이라고 불러요. 그런데 왜 그렇게 부를까요? 또한 별은 왜 항성이라고 부를까요? 행성(行星)은 돌아다니는 별이라는 의미이고 항성(恒星)은 항상 그 자리에 고정되어 있는 별이라는 의미예요. 그렇다면 이 말대로 행성은 움직이고, 항성은 움직이지 않을까요?

위치가 달라지는 행성

앞서 3부에서 보았듯이 지구가 하루에 한 바퀴 회전하면서 우리에게는 밤하늘의 별이 움직이는 것처럼 보여요. 하지만 사실 별이 움직이는 것이 아니라 우리 지구가 회전하기 때문에 밤하늘은 고유의 별자리 모양을 유지한 채로 움직여요. 즉 별이 움직인다기보다는 별이 박혀 있는 하늘 자체가 움직인다는 느낌이에요. 이렇게 고정된 방식으로 움직이는 별자리 안에서 위치가 달라지는 천체가 있다면 행성일 가능성이 높아요.

어느 날 봄철 별자리인 사자자리를 보았더니 사자의 앞부분에서 굉장히 밝은 천체를 발견했다고 해 볼게요. 그런데 10일이 지난 후 다시 사자자리를 보았더니 이 빛나는 천체가 조금 앞으로 이동한 듯한 느낌이 드는 거예요. 착각인가 싶어서 다시 10일 후에 보았더니 좀 더 앞으로 이동했고, 다시 10일 후에 보니 이제는 이 천체가 사자의 머리 근처까지 올라왔다는 것을 확인할 수 있었어요. 이 천체는 진짜로 사자자리를 배경으로 움직이는 중이었고, 좀 더 시간이 지나면 사자자리를 벗어나 다른 별자리로 이동할 거예요.

이렇게 별자리를 배경으로 움직이는 천체는 수성, 금성, 화성, 목성, 토

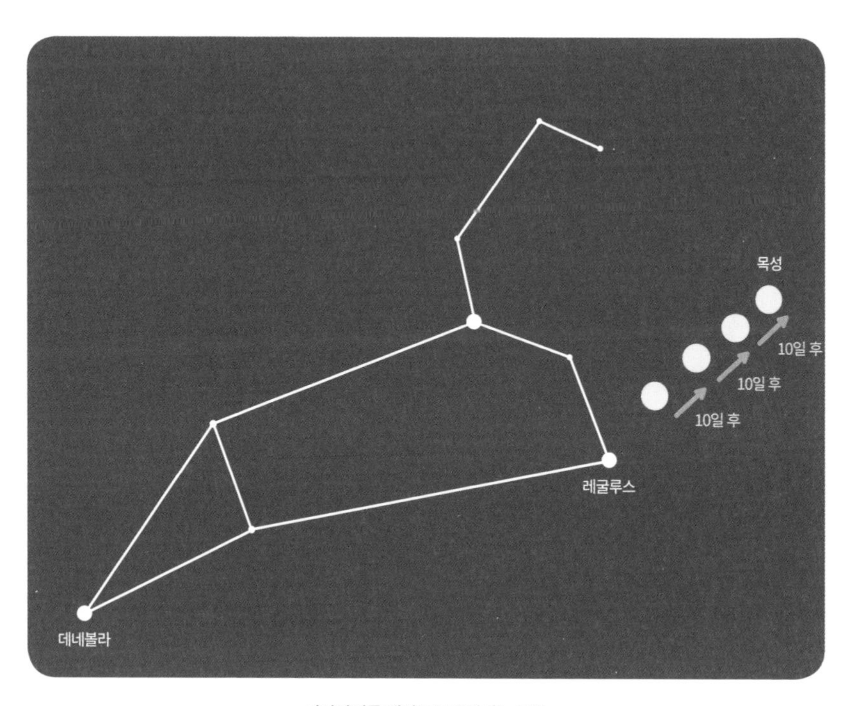

사자자리를 배경으로 움직이는 목성

성, 천왕성, 해왕성이 있어요. 변함없이 모양을 유지하고 있는 별자리 사이에서 이 천체들만 이동하기에 사람들은 행성이라는 이름을 붙이고 여러 특별한 의미를 부여하게 되었어요.

그런데 왜 별은 움직이지 않고 행성만 움직이는 걸까요? 왜냐하면 별은 우리와 정말 정말 멀리 떨어져 있는 반면에 행성은 비교적 가까이에 있기 때문이에요.

예를 들어 우리 눈앞 가까이에 있는 자동차와 멀리 떨어진 자동차가 똑같은 속도로 움직이고 있다고 해 볼게요. 그러면 가까운 곳에 있는 자동차는 빠르게 많이 움직이는 것처럼 보이는 반면, 멀리 있는 자동차는 천천히 적게 움직이는 것처럼 보일 거예요. 멀면 멀수록 움직임이 적게 느껴지는데, 엄청나게 멀어지면 그 움직임이 거의 느껴지지 않아요. 별에도 이와 같은 원리가 그대로 적용돼요. 별도 사실 움직이기는 하지만 우리에게 거의 무한대라고 생각해도 될 만큼 멀리 떨어져 있기에 움직이지 않는 것처럼 보일 뿐이에요.(정말 오랜 시간이 지나면 별자리의 모습도 달라지겠지만 이는 우리가 세상에서 없어진 후에도 훨씬 많은 시간이 흐른 뒤의 일일 거예요.) 반면 행성은 별과 비교할 수 없을 만큼 우리와 가까이 있기 때문에 그 움직임이 눈에 띄어요. 다만 상대적으로는 가까워도 절대적인 거리는 꽤 멀기 때문에 빠르지 않고 느리게 움직이는 걸로 보여요.

그렇다면 행성들은 어떠한 별자리든 상관없이 자유롭게 그들 사이를 움직이는 걸까요? 사실 행성들도 정해진 길을 따라 이동해요. 그리고 이 길은, 다름 아닌 태양이 별자리 사이를 지나는 길인 황도와 거의 비슷해요.

그림을 보면 노란 선으로 표현된 황도 근처에 금성, 화성, 토성, 목성이 놓여 있어요. 태양이 황도를 따라 움직이듯이 이 행성들도 거의 이 황

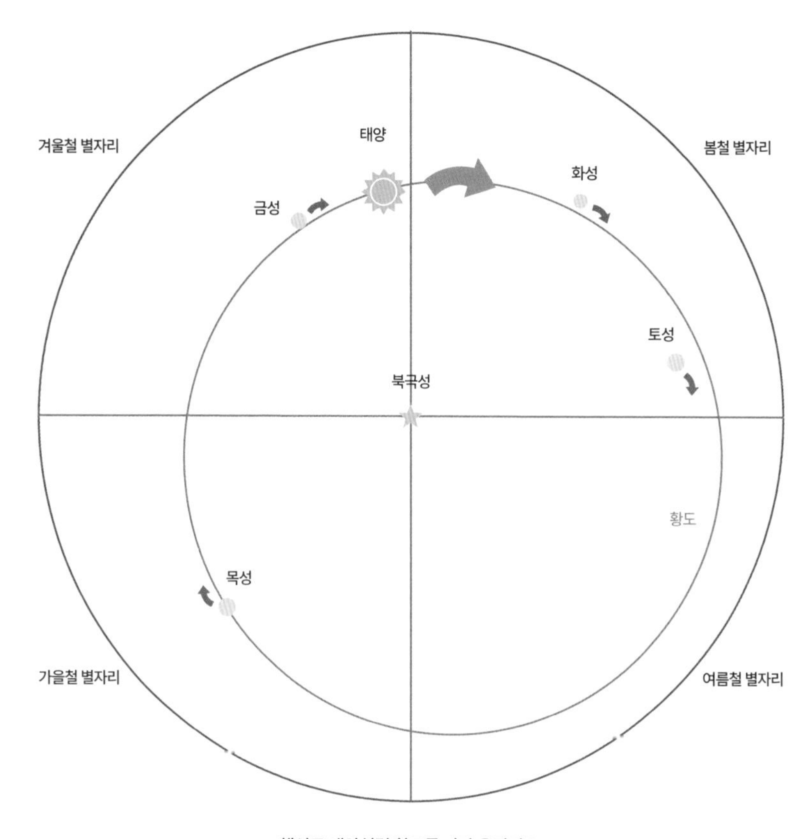

행성도 태양처럼 황도를 따라 움직여요.

도를 따라서 움직여요. 행성들은 가끔씩 거꾸로 움직이기도 하지만 결국 전체 움직임은 태양이 움직이는 방향과 같은 방향을 따라서 움직여요. 하지만 그 빠르기가 다른데, 태양은 한 바퀴를 도는데 1년이 걸리고 금성은 기간이 조금씩 달라지긴 하지만 약 1년, 화성은 약 2년이에요. 목성과 토성은 이들에 비하면 굉장히 느려서 목성은 한 바퀴 도는 데 약 10년, 토성은 무려 30년 정도가 걸려요.

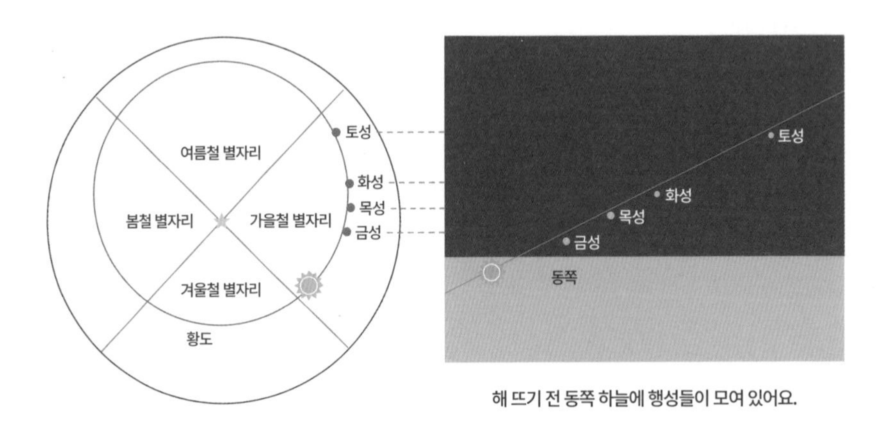

해 뜨기 전 동쪽 하늘에 행성들이 모여 있어요.

이렇게 행성의 속도가 달라서 재미있는 일이 일어나기도 해요. 노란 원을 달리기 트랙이라고 생각해 볼게요. 이 트랙 위를 금성, 화성, 목성, 토성이 각각 다른 속도로 달리고 있어요. 금성과 화성은 속도가 빨라서 목성과 토성을 곧 추월할 거예요. 마찬가지로 느리긴 하지만 목성이 토성보다는 빠르므로 목성도 토성을 언젠가는 추월할 거예요. 그러다 보면 어느 순간 서로 앞서거니 뒤서거니 하며 네 행성이 한곳에 모여 달리는 경우도 생길 거예요. 위 왼쪽 그림은 어느 특정한 날 행성들의 위치예요. 재밌게도 행성들이 서로 가까이 모여 있어요. 이날 해가 뜨기 직전 새벽 동쪽이 트여 있는 곳에서는 위 오른쪽 그림처럼 하늘에 금성, 목성, 화성, 토성이 예쁘게 일렬로 줄 서 있는 모습을 볼 수 있어요.

이처럼 여러 행성이 한곳에 모이는 경우는 드물지만 2개 정도의 행성이 모이는 경우는 꽤 일어나는 편이에요. 행성은 노란 트랙을 따라서만 움직이기 때문에 속도가 다른 행성은 결국 어느 순간 마주칠 수밖에 없으니까요. 행성이 모인 모습을 맨눈으로도 즐길 수 있으면서 망원경으로도 관측할 수 있는 이때가 행성을 보기 좋은 시기라고 할 수 있어요. 게다가 사실 달도 이 황도를 따라 움직이고 있어요. 너무 밝은 보름달만 아니라면 달과 행성을 함께 관측하는 것도 좋아요.

행성은 왜 황도를 따라 움직일까?

그런데 왜 행성들은 태양이 지나는 길인 황도를 따라 움직이는 걸까요? 왜 이 황도에서 크게 벗어나지 않을까요?

이를 알아보기 위해 엄청나게 크고, 얇고, 평평한 종이가 있다고 상상해 볼게요. 이 종이의 중심에 태양을 놓고 태양으로부터 조금 떨어진 곳에는 지구를 놓을게요. 그러면 지구는 종이 위에서 태양을 중심으로 원을 그리며 회전할 거예요.(사실 원이 아니라 타원을 그려요.) 그런데 재밌는 것은 금성, 화성, 목성, 토성도 종이 위에 놓인다는 점이에요. 물론 수성, 천왕성, 해왕성도요. 지구를 비롯한 태양계의 행성은 모두 이 종이 위에서 태양을 중심으로 회전해요. 사실 완벽한 평면은 아니고 조금은 벗어나 있지만요.

만약 이 종이를 더 멀리 뻗어나가게 한다면, 이 종이는 태양계를 벗어나 머나먼 별들 사이를 통과할 거예요. 이 종이가 지나치게 되는 별이 속해 있는 별자리가 바로 하늘에서 태양이 지나가는 12개의 별자리인 황도 12궁이에요. 공전하는 지구에서 태양을 보면 태양은 시간이 지남에 따라 종이에 닿아 있는 별자리들인 황도 12궁을 차례대로 지나게 돼요. 마찬가지로 행성들도 이 종이를 벗어나지 않고 종이 위에서 움직이므로, 지구에서 다른 행성을 봐도 태양과 마찬가지로 (거의) 황도를 따라 움직이게 되는 거예요.

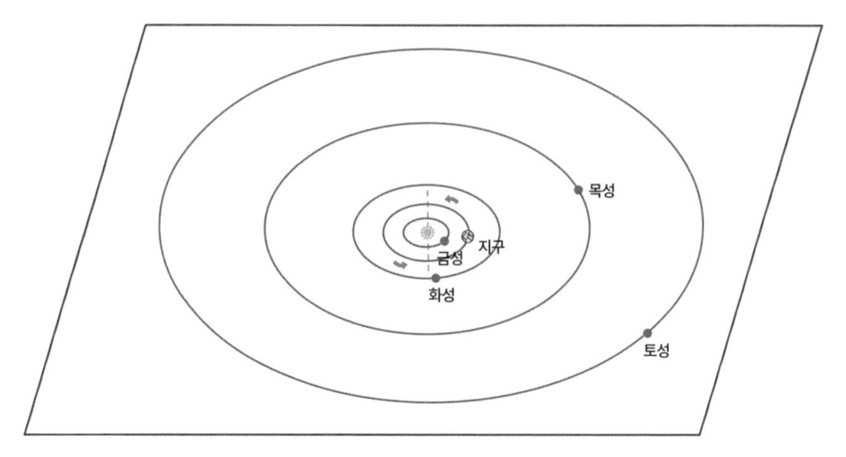

행성들은 이 평면 위에서 움직여요.

지금까지 우리에게 특별한 존재인 태양과 행성들이 왜 황도를 따라 움직이는지 알아보았어요. 우주의 수많은 별에도 행성이 있겠지만 우리가 직접 관측하기는 어려워요. 만약 거기에도 우리처럼 지적인 생명체가 살고 있다면, 그들도 별과 행성의 움직임을 관찰하고 있을 거라고 믿어요.

5부

별자리 프로그램
또 하나의 우주

01
컴퓨터로 만나는 밤하늘

우리는 1부에서 도시의 필터 효과가 적용된 별자리의 모습을 살펴보았어요. 이 도시 필터는 밝고 중요한 별만 보여 주고 어두운 별은 숨기는 역할을 했어요. 그런데 완전한 모습을 갖춘 별자리를 보려면 어떻게 해야 할까요? 도시에서 완전한 별자리의 모습을 보는 것은 정말 불가능할까요?

또한 우리는 4부에서 금성과 목성을 살펴보았어요. 그런데 맨눈으로 이 두 행성을 확실하게 구별하기는 어려웠어요. 토성도 살펴보았는데, 토성은 맨눈으로 보면 그냥 별처럼 보여서 알아보는 것 자체에 한계가 있었어요. 물론 행성은 황도를 따라 움직이니까 특정 별자리에 보이지 않던 천체가 눈에 띈다면 토성이라고 추측할 수는 있을 거예요. 하지만 그러려면 해당 별자리를 잘 알고 있어야 하므로 초보 관측자에게는 어려운 일이에요. 게다가 도시에서는 필터 효과로 가려지는 별이 많아서 이런 방식으로 찾기 힘들어요. 그렇다면 어떻게 해야 정확하게 행성을 찾고, 확실하게 구분할 수 있을까요?

별자리 프로그램

이럴 때 우리는 가상의 밤하늘을 활용할 수 있어요. PC나 스마트폰에서 실행 가능한 별자리 프로그램을 이용하면 지금 어떤 별과 별자리가 있는지, 별과 행성이 어디 있는지를 쉽게 알 수 있어요. 물론 완전한 별자리의 모습도 볼 수 있고요.

또한 대부분의 별자리 프로그램은 시간을 조절하는 기능을 제공해요. 우리는 이 기능을 이용해 내일, 1주일 후, 1년 후, 심지어 먼 미래까지 원하는 시기의 하늘을 미리 살펴볼 수 있기에 관측 계획을 세우기 편리해요. 도시의 초보 관측자들은 이러한 프로그램을 잘 활용하면 실제 밤하늘을 보는 데 큰 도움을 받을 수 있어요.

대표적인 별자리 프로그램으로는 스텔라리움(Stellarium), 케이스타스(KStars), 카르테스 두 시엘(Cartes du Ciel, SkyChart), 할로 노던 스카이(Hallo Northern SKY) 등이 있어요. 이 중에서 초보 관측자가 비교적 사용하기 편리한 스텔라리움의 사용법을 알아보려고 해요.

02
스텔라리움

스텔라리움은 별과 행성뿐만 아니라 하늘에 떠 있는 여러 위성까지 굉장히 사실적으로 표현해 놓은 프로그램으로, 초보 관측자부터 비교적 전문적으로 천체 관측을 하는 사람들까지 널리 사용해요. 인터넷 검색창에 '스텔라리움'을 검색하면 무료로 다운로드 할 수 있는 데다가 한국어를 지원한다는 장점도 있어요. 우리는 이 프로그램의 다양한 기능 중에서 초보 관측자가 많이 사용하는 기능을 살펴보려고 해요.

스텔라리움의 첫 화면. 시간에 따라 하늘의 밝기가 달라져요.

① 별자리 선 ② 별자리 이름표 ③ 별자리 그림 ④ 지면 ⑤ 대기 ⑥ 성운, 성단, 은하 표시 ⑦ 유성우 ⑧ 시간 조절

스텔라리움을 처음 실행하면 그림과 같은 화면이 나와요. 화면의 왼쪽과 아래쪽에 기능 버튼이 있는데, 처음에는 이 버튼이 안 보일 수도 있어요. 그럴 때는 마우스를 왼쪽이나 아래로 가져가거나 그 끝에서 마우스를 클릭하면 버튼이 나타날 거예요.

가장 먼저 할 일은 지금 우리의 위치가 맞는지 확인하는 일이에요. 왼쪽 아래를 보면 현재 위치가 어디로 설정되어 있는지 나와 있어요. 인터넷이 연결되어 있다면 아마 자동으로 위치를 설정해 주겠지만 정확하지 않을 경우에는 왼쪽 기능 버튼 중 첫 번째에 있는 '위치' 버튼을 눌러서 변경해 주면 돼요. 그런데 위치를 바꿨는데도 여전히 초록색 잔디밭과 나무가 보인다고 걱정할 필요는 없어요. 그 풍경은 스텔라리움에서 기본으로 보여 주는 땅 위의 풍경이에요. 위치를 전 세계 어느 곳으로 설정하든 같은 풍경이 보여요.

이제 메인 화면을 볼게요. 메인 화면에는 빨간 글씨로 방위가 표시되어 있어요. 만약 화면에 파란 글씨로 유성우 표시가 보인다면 아래쪽에 있는 '유성우 켜고 끄기' 버튼을 눌러서 유성우 표시가 보이지 않게 해 주세요. 유성우가 나타나면 우리가 화면을 보는 데 조금 방해가 될 수 있기 때문이에요. 유성우에 대해서는 7부에서 자세히 다룰게요.

메인 화면에는 지금 보이는 하늘의 모습이 그대로 나타나 있어요. 만약 밤이라면 많은 천체가 보이겠지만 낮이라면 파란 하늘 때문에 태양 말

일반적인 낮 화면(왼쪽), 지면과 대기를 없앤 낮 화면(오른쪽)

고는 아무것도 보이지 않을 거예요. 3부에서 살펴봤듯이 낮에 하늘이 파랗게 되는 건 태양 빛이 지구의 대기와 만났기 때문이에요. 만약 대기가 사라진다면 하늘을 보기 편하겠죠? 그럴 때는 화면 아래의 '대기' 버튼을 누르면 대기가 없는 상태의 하늘을 볼 수 있어요. 원래 밤이었다고 하더라도 대기를 없애면 별이 더 선명하게 보일 거예요.

'대기' 버튼 옆에는 '지면' 버튼도 있어요. '지면'을 누르면 땅이 사라지면서 지면에 가려 보이지 않던 천체가 나타나요. 이처럼 대기와 지면을 없애면 낮이라서 안 보이던 천체도, 지면에 가려서 안 보이던 천체도 쉽게 관찰할 수 있어요.

아래쪽 버튼 중 첫 번째에 있는 '별자리 선' 버튼을 누르면 밤하늘에 선으로 연결된 별자리들이 나타나요. 다음 버튼인 '별자리 이름표'를 누르면 각각의 별자리 이름을 볼 수 있어요. 다시 다음 버튼인 '별자리 그림'을 누르면 별자리의 그림까지도 확인할 수 있어요.

상황에 따라 다르겠지만 이 버튼들을 다 켜 두면 너무 복잡해 보이므로 저 같은 경우에는 첫 번째 버튼인 '별자리 선'만 켜 두고 밤하늘을 살펴

별자리 선과 이름표를 나타낸 모습(위), 별자리 그림을 나타낸 모습(아래)

보는 편이에요. 마우스를 누르면서 화면을 움직여 보고 마우스 스크롤을 사용해서 화면을 확대하거나 축소도 해 보세요.

이제 별자리 프로그램의 가장 중요한 기능 중 하나인 시간을 변경하는 기능을 살펴볼게요. 왼쪽 기능 버튼 중 시계 모양 버튼을 누르면 화면

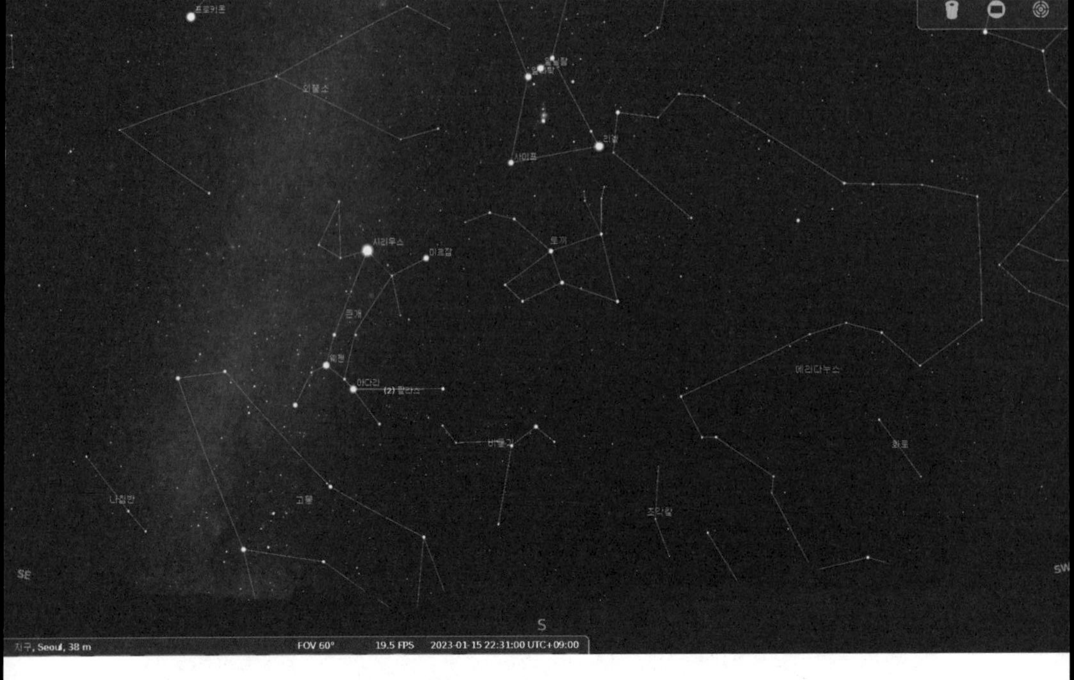

밤 10시 30분

에 '날짜 및 시간' 창이 나타나요. 이 창을 통해 우리는 시간을 마음대로 조절할 수 있어요. 예를 들어 밤 10시 30분의 밤하늘을 보았다가 시간을 3시간 후로 조절하면 다음 날 새벽 1시 30분의 밤하늘을 볼 수 있어요. 그림을 보면 큰개자리의 밝은 별 시리우스가 밤하늘에서 3시간 동안 얼마나 움직였는지 확인할 수 있어요. 이와 같이 날짜와 시간을 조절해서 원하는 날짜, 원하는 시간에 밤하늘의 모습이 어떤지를 살펴볼 수 있다는 점은 정말 중요한 기능이에요. 만약 우리가 주말에 밤하늘을 관측하려고 한다면 이 기능을 사용해 미리 주말의 밤하늘 모습을 확인할 수 있어요. 그러면 '아! 이번주 토요일 밤에는 목성이 보이는구나. 그럼 목성 관측에 맞는 장비를 챙기자. 이번에는 목성의 대적점이 보였으면 좋겠다.'와 같이 미리 관측 계획을 세울 수 있게 돼요.

다음 날 새벽 1시 30분

아예 시간의 속도를 조절할 수도 있어요. 오른쪽 아래에 있는 속도 관련 버튼을 누르면 시간을 빠르게 하거나 거꾸로 흐르게 할 수 있어요. '시간 속도 증가' 버튼을 여러 번 누르면 시간에 따라서 천체가 어떻게 움직이는지 확인할 수 있어요.

또 하나 유용한 기능은 원하는 대상을 마우스로 클릭한 후 아래쪽의 '선택한 천체로 이동' 버튼(또는 키보드의 스페이스바)을 누르는 거예요. 예를 들어 시리우스를 마우스로 클릭하면 왼쪽에 이 별에 대한 다양한 정보가 표시될 거예요. 이제 '선택한 천체로 이동' 버튼을 누르면 이 별이 화면의 중심이 돼요. 화면을 확대하거나 축소해도 시리우스가 중심이고, 시간을 변경해도 시리우스가 항상 화면 가운데에 와요. 그러므로 특별히 보고 싶은 대상이 있다면 이 기능을 써서 편리하게 살펴볼 수 있어요.

이번에는 우리가 화성을 보고 싶다고 해 볼게요. 그래서 스텔라리움을 통해 오늘밤과 이번 주말의 밤하늘에서 화성을 찾아보았어요. 그런데 화성이 보이지 않아요. 화성은 밤하늘에 늘 보이는 행성이 아니기에 보이지 않는 날도 있어요. 그렇다면 언제 화성을 볼 수 있을까요? 이럴 때는 검색 기능을 활용할 수 있어요. 왼쪽 기능 버튼 중 돋보기 모양 버튼을 누르면 검색 창이 뜨는데 여기에 찾고자 하는 대상을 입력하면 바로 찾을 수 있어요. 거의 모든 천체를 검색해 위치를 확인할 수 있어요.

만약 이렇게 화성을 찾아보았더니 화성이 태양 바로 옆에 있었다고 해 볼게요. 그러면 태양 때문에 화성을 볼 수 없을 거예요. 이제 날짜를 변경해 보세요. 그러면 화성이 태양과 많이 떨어져 밤하늘에서 볼 수 있는 때를 찾을 수 있어요. 그때가 바로 화성을 관측할 수 있는 시기예요. 이때 화성이 어떤 별자리에 위치하는지, 화성 주변에 어떤 밝은 별이 있는지 확인해 두면 나중에 실제로 밤하늘을 관측할 때 쉽게 찾을 수 있을 거예요. 화성뿐만 아니라 원하는 다른 대상도 이와 같은 방식으로 확인해 볼 수 있어요. 특히 지면을 없앤 후 검색하면 더 편리해요.

마지막으로 우리가 살펴볼 것은 성운, 성단, 은하를 표시해 주는 버튼이에요. 아래쪽의 이 버튼을 누르면 메시에 목록과 NGC 목록, IC 목록에 들어있는 대상들이 밤하늘에 표시돼요. 이 버튼을 통해 밤하늘에 있는 수많은 아름다운 보석을 살펴볼 수 있어요.

03
궁금한 천체 찾아보기

앞에서 살펴본 것 말고도 스텔라리움에는 다양한 기능이 있어요. 태양이 지나는 길인 황도를 표시할 수도 있고, 화면 오른쪽 위에 있는 기능 버튼을 사용해 망원경으로 관측하는 것과 같은 효과를 낼 수도 있어요. 또한 성도 역할도 할 수 있기 때문에 이 프로그램으로 스타 호핑하는 길을 체크해 볼 수도 있어요. 하지만 일단 초보 관측자들은 앞서 이야기한 기능만 활용해도 충분한 도움을 받을 수 있어요. 그리고 우리말로 잘 설명되어 있기 때문에 여러 가지 기능을 직접 실행해 보면 아마 어렵지 않게 프로그램을 파악하고 사용할 수 있을 거예요.

저녁에 할 일을 마친 후 집으로 돌아오면서 가끔 밤하늘을 올려다보는 순간이 있을 거예요. 그리고 이 책을 보고 있는 여러분이라면 밤하늘에서 굉장히 밝게 보이는 천체를 발견하고는 저건 목성이 아닐까, 또 저 멀리에서 밝게 빛나는 별은 베가가 아닐까 하고 생각할지도 몰라요. 이제 집으로 돌아와서 내가 본 천체가 예상과 일치하는지를 별자리 프로그램을 통해 확인할 수 있을 거예요. '아, 역시 엄청 밝았던 그 천체는 목성이 맞구나. 그리고 여름이니까 높이 떠 있던 그 별은 역시 베가가 맞았어. 서쪽 에 있던 그 밝은 별은 뭔지 몰랐는데 목동자리의 아르크투루스였네. 이 천체도 생각보다 밝구나.'

지금까지는 PC에 있는 별자리 프로그램만을 살펴봤지만, 사실 PC가 아닌 스마트폰의 별자리 앱을 사용할 수도 있어요. 별자리 앱을 내려받아서 밤하늘을 향해 스마트폰을 들어올리면 실제 그 방향의 밤하늘이 화면에 그대로 나타나요. 실제와 가상의 밤하늘을 동시에 볼 수 있어서 저 별이 어떤 별인지, 어느 별자리에 속하는 별인지를 바로 확인할 수 있어요.

이처럼 모든 별을 볼 수 없는 도시의 초보 관측자들에게 별자리 프로그램은 굉장히 유용한 도구예요. 실제의 밤하늘과 가상의 밤하늘, 이 두 밤하늘을 잘 넘나들며 관찰한다면 여러분은 분명 능숙한 관측자가 될 수 있을 거예요.

6부

달
매일 다른 모습

01
달의 모양 변화

이번에는 존재 자체로 밤하늘의 주인공인 달에 대해 이야기해 보려고 해요. 하늘에 뜬 달은 다른 별에 비해 굉장히 크고 밝아요. 게다가 맨눈으로도 표면의 모습까지 보이고요.

그런데 역시나 달을 볼 때 가장 먼저 눈에 띄는 것은 아마도 달의 모양일 거예요. 달은 어떨 때는 동그란 원 모양이고, 어떨 때는 얇은 손톱 끝 모양, 또 어떨 때는 반원 모양이기도 해요. 왜 달의 모양이 이렇게 계속해서 변하는지는 나중에 알아보기로 하고, 지금은 달의 모양에 따라 달이 하늘에서 언제, 어디에 위치하게 되는지를 알아볼게요.

그믐달

어느 날 여러분이 해가 뜨기 전 새벽에 일어나 밖으로 산책을 나갔다고 해 볼게요. 산책을 하다가 동쪽 하늘에서 달을 발견했어요. 이 달은 손톱 끝 모양 같기도 하고, 게슴츠레 감은 눈 모양 같기도 해요.

여기서 우리가 주목해야 하는 점은 달의 어느 부분이 빛나는지예요. 우리가 알고 있듯이 달은 원래 동그란 모양인데, 지금은 아래쪽 얇은 부분만 빛나고 있어요.

왜 그럴까요? 달이 동쪽 하늘에 있다는 점을 주목해 주세요. 새벽 시간이라 태양이 동쪽에서 떠오르기 직전이므로 태양은 달의 아래쪽에 있을 거예요. 뭔가 자세한 건 모르더라도 태양이 달을 아래쪽에서 비추니까 달의 아래쪽이 빛난다고 생각할 수 있을 것 같아요.

이 달은 그믐달이에요.

해 뜨기 직전 동쪽 하늘의 그믐달

초승달

그믐달을 본 후 일주일 정도가 지난 어느 날, 저녁이 되어 집으로 가는 길이었어요. 그런데 태양이 막 진 서쪽 하늘을 보다가 또다시 얇은 달을 발견하게 되었어요.

이번에도 자세한 건 모르겠지만 해가 진 방향 쪽으로 달이 빛나고 있어요. 그믐달을 보았을 때와 마찬가지로 태양이 있는 방향 쪽으로, 달 아래쪽이 빛나고 있어요. 그러므로 달이 빛나는 쪽에는 항상 태양이 있을 거라고 추측해 볼 수 있어요. 이 달은 초승달이에요.

해가 진 직후 서쪽 하늘의 초승달

상현달

이번에는 반달을 살펴볼까요? 초승달을 본 후 나흘 정도 지나면 달의 모양은 오른쪽이 빛나는 반달로 바뀌어요. 이 달은 태양이 서쪽으로 졌을 때 하늘에서 가장 높은 곳에 떠 있어요. 이 달을 상현달이라고 해요. 그리고 역시나 달의 반쪽 중에서 빛나는 오른쪽 부분은 태양을 향하고 있는 쪽이에요.

간혹 낮에 뜬 달을 본 적이 있을 거예요. 오후 시간, 태양이 아직 지지 않았는데 하늘에 하얀 반달이 보인다면 이 반달은 상현달이에요.

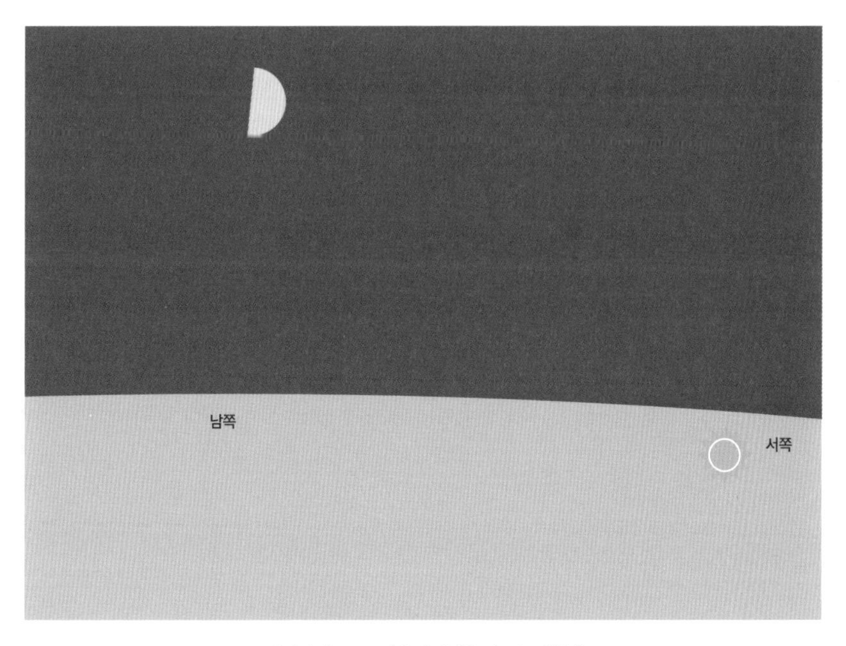

태양이 서쪽으로 졌을 때 가장 높이 뜨는 상현달

하현달

왼쪽 반이 빛나는 반달은 하현달이에요. 하현달은 태양이 동쪽에서 뜨기 전에 하늘에서 가장 높은 곳에 있어요. 그리고 태양 쪽이 빛나요.

그런데 앞에 나왔던 그림을 잘 살펴보면 달의 모양이 두꺼운 정도에 따라 달과 태양 사이의 거리가 다르다는 것을 확인할 수 있어요. 얇은 모양의 달은 태양과 꽤나 가까이 있는데, 모양이 두꺼운 반달은 태양에서 다소 멀리 떨어져 있어요. 그러므로 우리는 이런 추측을 해 볼 수 있어요.

'달의 모양은 태양과 가까울수록 얇고, 태양과 멀수록 두껍다.'

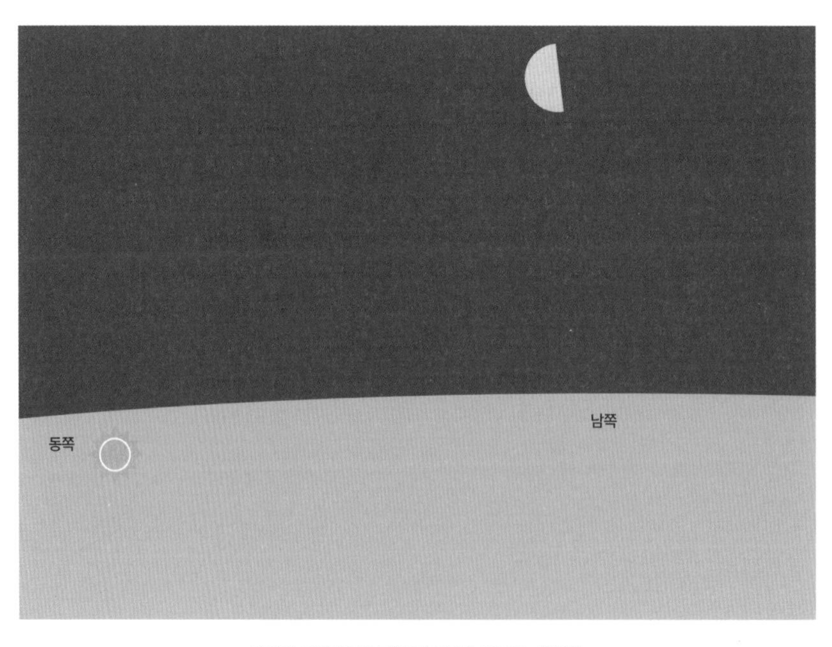

태양이 동쪽에서 뜨기 직전 가장 높이 뜨는 하현달

보름달

이 추측이 맞는지 확인하기 위해 달이 가장 두꺼워져서 완전한 원 모양이 되는 보름달을 살펴볼게요. 우리의 추측이 맞다면 보름달은 하늘에서 태양과 가장 멀리 떨어져 있어야 해요. 태양이 서쪽으로 막 지려고 할 때 태양과 가장 멀리 떨어진 위치는 어디일까요? 서쪽의 반대편인 동쪽이 가장 먼 위치일 거예요. 그리고 예상대로 보름달은 태양이 서쪽으로 질 때 동쪽에서 막 떠올라요. 역시 우리의 추측이 맞았나 봐요.

보름달은 밤이 시작되려 할 때 동쪽에서 막 떠오르기 때문에 그날 밤

태양 반대쪽에 있는 보름달

보름달

내내 하늘에 보여요. 그리고 다음 날 새벽이 되어 해가 동쪽에서 떠오르려고 할 때 그 반대쪽인 서쪽으로 질 거예요.

이렇게 달의 빛나는 부분 쪽에 태양이 있다는 사실과 태양으로부터 멀리 있을수록 모양이 두꺼워진다는 사실을 알고 있으면 달이 어떤 모양일 때 언제 밤하늘에서 보이게 되는지, 그리고 하늘 어디쯤에 위치하게 되는지를 어느 정도 추측할 수 있어요. 물론 정확하게 알고 싶다면 앞서 보았던 별자리 프로그램을 사용하면 돼요. 별자리 프로그램을 통해 오늘 밤, 또는 궁금한 날짜의 달 모양과 위치를 확인할 수 있어요.

02
크레이터

보름달을 맨눈으로 보면 밝게 빛나는 노란색 원 위에 검은 얼룩이 눈에 띄어요. 갈릴레오 갈릴레이는 이 얼룩을 달에 있는 바다라고 생각했어요. 그런데 사실 이 부분은 바다가 아니고 그저 검은색의 땅일 뿐이에요. 이처럼 맨눈으로 보면 노란색 바탕에 검정색 무늬가 보일 뿐이지만 망원경으로 보면 달의 표면이 자세히 드러나요.

크고 작은 구덩이

사진에서 달의 빛나는 부분과 어두운 부분의 경계에 주목해 보면, 동그랗게 파인 크고 작은 구덩이들이 굉장히 많이 보여요. 이러한 구덩이를 크레이터(crater)라고 불러요. 크레이터는 우주에 있던 무언가가 달에 충돌하면서 생긴 자국일 가능성이 커요. 우리 지구에는 공기, 즉 대기가 있지만 달에는 공기가 없어요. 이는 보호막이 없다는 것과 같은 의미예요. 우주에

크레이터가 보이는 달

서 지구로 떨어지는 물체는 공기와 부딪히면서 열이 발생해 대부분 타 버리지만, 달로 떨어지는 물체는 그대로 달과 충돌해서 표면에 자국을 남겨요. 사진을 보면 어떤 크레이터에는 그 중심에 뭔가가 볼록하게 튀어나와 있는데 이러한 형태도 충돌의 결과로 만들어진 거예요.

크레이터는 달 전체에 많이 있지만 달의 밝은 부분과 어두운 부분 사이의 경계에서 선명하게 보여요. 이 경계 부분은 태양빛을 옆쪽에서 받기 때문에 크레이터의 한쪽에는 그림자가 만들어지고 반대쪽은 빛을 그대로 받게 돼요. 이런 밝기 차이로 인해 크레이터가 더 입체적으로 보여요.

달은 한 달 동안 계속해서 모양이 변하고, 이에 따라 밝은 부분과 어

달의 크레이터를 확대한 모습

두운 부분 사이의 경계도 매일 다른 위치에 생겨요. 그러므로 우리가 선명하게 관찰할 수 있는 크레이터도 그때마다 계속해서 달라질 거예요. 크레이터를 직접 망원경으로 보면 사진과는 다르게 훨씬 생동감이 느껴져요. 달에 있는 여러 크레이터는 각각 조금씩 다른 특색이 있기 때문에 언제 봐도 새로운 볼거리가 되어요. 게다가 달에는 크레이터와 함께 멋지고 커다란 산맥도 많아요. 달은 초보 관측자가 가장 쉽게 다가갈 수 있는 대상인 만큼, 기회가 된다면 꼭 직접 망원경으로 여러 크레이터와 산맥을 관측해 보세요.

03
달의 움직임

우리는 달이 지구를 중심으로 회전한다는 사실을 이미 알고 있어요. 그런데 왜 달은 굳이 이렇게 지구 주위를 돌고 있을까요? 그냥 지구 근처 어떤 한 위치에 가만히 고정되어 있으면 안 될까요?

달이 지구 주위를 회전하는 이유

지구와 달은 서로를 끌어당기고 있어요. 이러한 힘을 중력이라고 불러요. 중력이 있기 때문에 지구 옆에 그냥 달을 놓아두면 서로를 향해 움직이다가 충돌해 버리고 말 거예요. 그렇다면 충돌하지 않기 위해서는 어떻게 해야 할까요? 맞아요. 달이 지구 주위를 회전하면 돼요.

3부에서도 잠시 말했지만 무거운 사람과 가벼운 사람이 두 손을 붙잡고 서로 당기면서 회전하면, 무거운 사람을 중심으로 가벼운 사람이 빙글빙글 돌게 돼요. 이러면 서로가 서로를 당기고 있음에도 충돌하지 않고 계속해서 어느 정도의 거리를 유지할 수 있어요. 마찬가지로 지구와 달은 중력으로 서로를 당기고 있지만 무거운 지구 주위를 가벼운 달이 회전하면서 거리를 유지할 수 있어요.

태양과 지구와 달

달은 매일 조금씩 모양이 바뀌어요. 이를 "위상이 변한다."라고 표현해요. 그렇다면 달의 모양은 왜 달라질까요? 달의 모양은 태양과 지구와 달이 어떻게 놓이는지에 따라 변화해요. 달이 지구를 중심으로 회전하듯이 지구도 태양을 중심으로 회전하고 있어요. 다음은 크기와 거리의 비율을 무시하고 태양, 달, 지구가 서로를 회전하는 모습을 보기 편하게 나타낸 그림이에요. 그림을 보면 달이 지구를 회전하는 축과, 지구가 태양을 회전하는 축의 방향이 조금 다르다는 것을 알 수 있어요.(오히려 두 축이 완벽하게 평행하다면 그게 더 이상할 거예요.) 다시 말해, 지구가 태양을 회전하는 평면과 달이 지구를 회전하는 평면은 조금 기울어져 있어요.

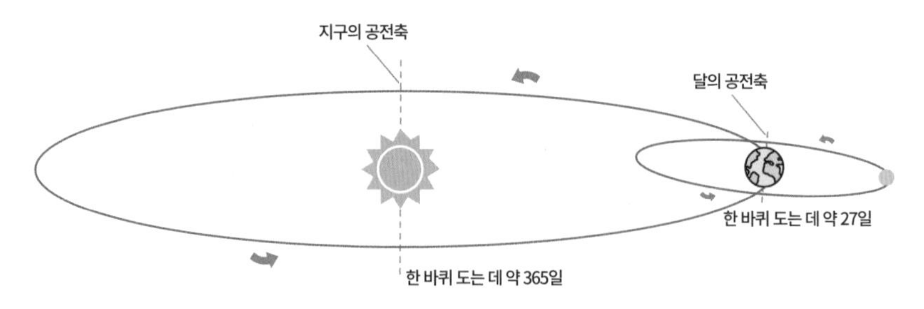

달은 지구를 중심으로 회전하고, 지구는 태양을 중심으로 회전해요.

달이 지구를 한 바퀴 도는 데는 대략 27일이 걸리지만, 지구가 태양을 한 바퀴 도는 데는 대략 365일이 걸려요. 시계를 예로 들면 초침인 달이 한 바퀴를 돌 때, 분침인 지구는 5분 정도의 각도만큼 움직이는 셈이에요. 이처럼 달이 움직이는 동안 지구도 조금 움직이기 때문에 달의 모양이 변하는 위상 주기는 27일이 아닌 대략 30일이 돼요. 이 책에서는 알아보기 쉽게 달의 공전 주기와 위상 주기를 '한 달'로 표현할게요. 그리고 마찬가지로 달이 지구를 한 바퀴 도는 동안 지구는 태양을 공전하지 않는 것으로 가정해서 이야기를 해 볼게요.

또한 지구는 공전만 하는 것이 아니라 자전도 하고 있어요. 지구는 하루에 한 바퀴를 자전하는 반면 달은 지구 주위를 한 바퀴 도는 데 한 달이 걸리므로 지구의 자전에 비해 충분히 느리게 움직인다고 생각할 수 있어요. 그러므로 이 역시 지구가 한 바퀴 자전할 때 달은 같은 자리에 가만히 있다고 가정해서 이야기를 해 볼게요.

이렇게 회전하고 또 회전하는 것이 조금 복잡하게 느껴질 수도 있어요. 그런데 자신을 축으로 자전을 하고 다른 대상을 축으로 공전을 하는 것은 우주에서 자연스러운 현상이에요. 심지어 태양조차도 어딘가를 중심으로 공전하고 있고, 자전도 하고 있으니까요. 우주에서 일어나는 움직임에 익숙해진다는 것은 이러한 회전에 익숙해지는 것이라고도 할 수 있어요. 그런데 이전에 보았던 행성들의 공전이나 달의 공전, 지구의 공전, 지구의 자전 모두 우리가 북극성에서 바라본다면 반시계 방향으로 회전하고 있어요. 몇 가지 예외는 있지만 이렇게 대부분 반시계 방향으로 회전하고 있다는 것을 기억해 두면 회전이 그렇게 어렵게만 느껴지지는 않을 거예요.

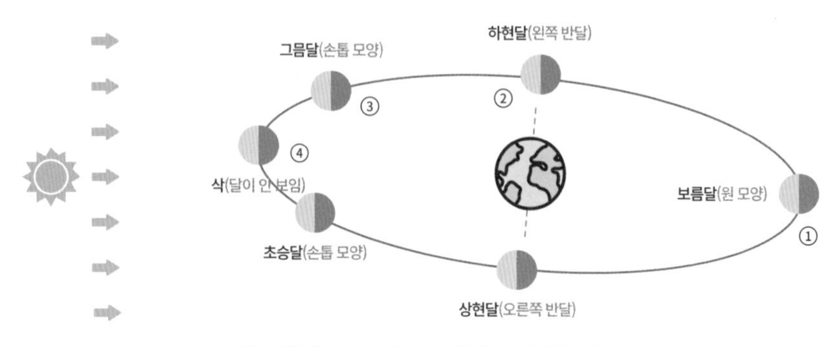

달의 위치에 따라 지구에서 보는 달의 모습이 달라져요.

위치에 따른 달의 모양

위 그림은 실제 크기와 거리의 비율을 무시하고 보기 편하게 그린 태양과 지구와 달의 모습이에요. 태양은 굉장히 크고 지구와 멀리 떨어져 있기 때문에 그림처럼 빛이 거의 평행하게 들어와요. 이 그림처럼 태양이 달을 비추고 있다면 달은 지구를 회전하는 동안 항상 왼쪽 면만 빛나게 될 거예요. 즉 달의 반쪽은 항상 빛을 받게 돼요. 하지만 이런 달을 지구에서 보면 위치에 따라 다른 모양으로 보여요.

먼저 달이 위치 ①에 있을 때를 살펴볼게요. 지구에서 ①에 있는 달을 보게 되면 완전한 원의 모습인 보름달로 보여요. 그런데 얼핏 생각하면 왼쪽에서 태양 빛이 들어오므로 지구 바로 오른쪽으로 지구의 그림자가 생길 것이고, 이로 인해 ①의 위치에 있는 달은 빛을 받지 못해서 보이지 않을 것 같아요. 하지만 다음 그림에서 보이는 것처럼 달의 공전면은 빛이 들어오는 방향과 조금 틀어져 있기 때문에 달은 그림자 밖에 위치해요.(그림에서는 평면을 과장되게 기울여 표현했어요.) 그래서 달은 온전히 빛을 다 받아서

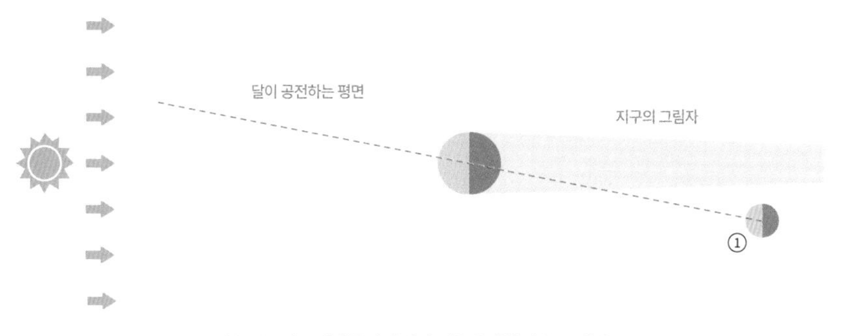

달은 지구의 그림자를 피해 태양 빛을 온전히 받을 수 있어요.

보름달이 될 수 있어요. 물론 때때로 달이 지구의 그림자로 들어가는 경우도 일어나요. 이를 월식이라고 하는데 5장에서 자세히 다룰게요.

달이 위치 ②에 있으면 지구에서 반달(하현달) 모양으로 보이고, 태양이 뜨려는 새벽에 하늘의 가장 높은 곳에 있게 돼요. 달이 ③의 위치에 가면 달의 반쪽은 태양 빛을 받고 있지만 지구에서는 빛나는 부분의 일부만 손톱 모양으로 보이게 돼요. 그리고 태양이 떠오르기 직전 동쪽 하늘에서 볼 수 있어요. 달이 ④의 위치로 가면 지구에서는 달이 태양 빛을 받는 부분을 볼 수 없으므로 달이 아예 보이지 않아요. 이때를 삭이라고 불러요. 앞에서 살펴본 것처럼 달의 공전면과 태양 빛이 들어오는 방향은 틀어져 있어서 일반적으로는 삭이 되더라도 달이 태양을 가리지 않아요. 그러나 간혹 달이 태양을 가리는 일이 일어나는데, 이를 일식이라고 불러요. 역시 5장에서 자세히 다룰게요.

지구의 자전에 따른 달의 위치

이번에는 앞의 그림에서 달이 위치 ①에 있을 때, 즉 보름달과 태양이 서로 반대편에 있을 때 지구가 한 바퀴 자전하는 모습을 생각해 볼게요. 지구의 자전축 위, 북극성 쪽에서 지구를 바라본다면 아래 그림처럼 보일 거예요.

아래 그림에서 우리가 ①의 위치에 있다면, 동쪽에서 태양이 막 떠오르는 새벽일 거예요. 이때 보름달은 서쪽으로 지고 있어요. 시간이 지나서 ②의 위치에 가게 되면 태양은 머리 위에 있는 한낮이고, 달은 태양 반대편 땅 밑에 있어요. 또 시간이 지나 ③의 위치로 가면 태양이 서쪽으로 지면서 동쪽에서 보름달이 떠올라요. 한밤중이 되어 ④의 위치로 가면 보름달은 머리 위 높은 곳에 위치하고, 다시 ①의 위치로 가면 또 태양이 떠올라요.

이렇게 태양과 달의 위치에 따라 태양이 질 때 보름달이 떠오르고, 보름달이 질 때 태양이 떠올라요. 달이 다른 위치에 놓여 있을 때도 이러한 방식을 그대로 적용하면 달의 모양에 따라 언제 어디서 보일지 알 수 있

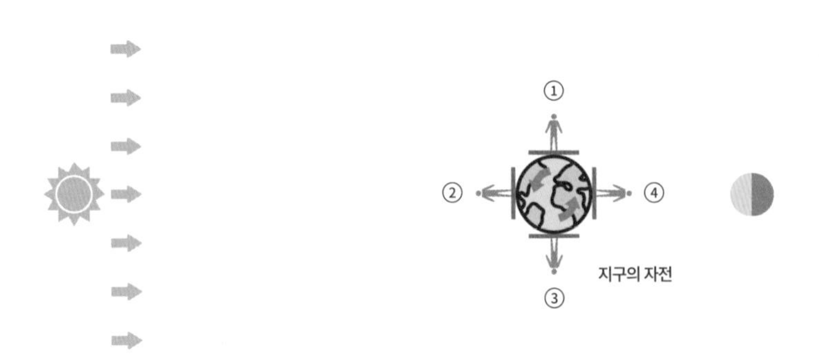

달의 위치를 알면 언제 어디서 어떻게 보일지 알 수 있어요.

어요.

이렇게 해서 우리는 달의 위치 변화와 모양 변화의 관계에 대해 알아보았어요. 이제 여러분이 하늘에서 달을 본다면, 하늘의 질서를 알고 있다는 묘한 뿌듯함을 느낄지도 몰라요.

04
항상 같은 모습

우리는 달이 지구를 공전하면서 모양이 바뀐다는 것을 알아보았어요. 그런데 지구가 태양을 공전하는 동시에 자전을 하듯이, 달도 공전만 하는 것이 아니라 자전도 해요. 그리고 달의 자전과 공전에는 굉장히 신기한 특징이 있어요.

언제나 같은 얼굴만 보여 주는 달

누군가가 보름달일 때 달에 가서 보름달 가운데에 빨간 점을 찍고 돌아왔다고 해 볼게요. 이렇게 달에 찍어 놓은 빨간 점을 유심히 지켜보았더니, 달이 공전하며 지구를 한 바퀴 도는 동안 이 빨간 점은 항상 우리를 향하고 있었어요.

이런 현상은 달이 공전하는 각도와 자전하는 각도가 동일하기 때문이에요. 즉 달이 한 바퀴 공전하는 데 한 달이 걸린다면, 달이 한 바퀴 자전

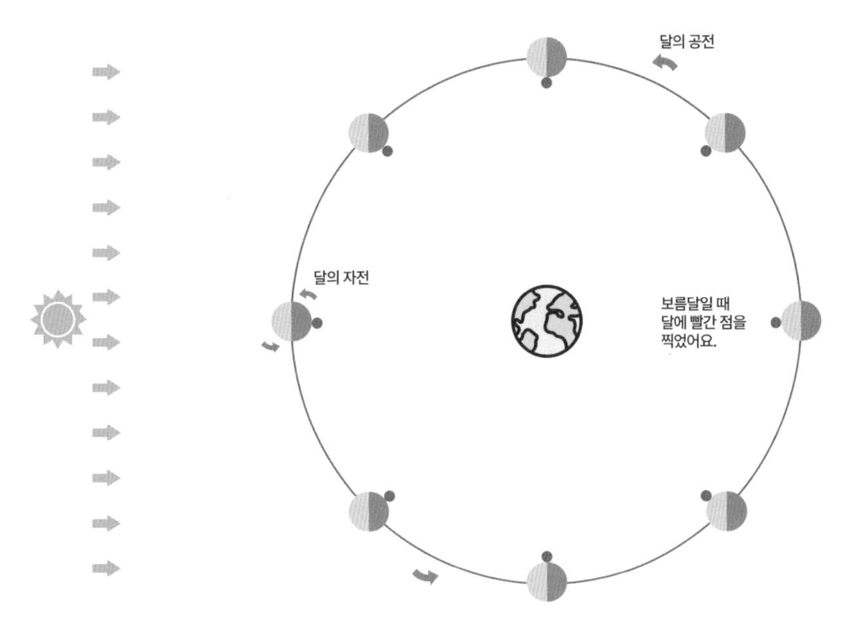

우리는 언제나 달의 한쪽 면만 볼 수 있어요.

하는 데 걸리는 시간도 한 달인 셈이에요. 그래서 우리는 항상 달의 똑같은 얼굴만 보게 되고 그 뒤쪽은 볼 수가 없어요. 정말 신기하죠? 만약 달이 지금보다 조금만 더 빠르게 또는 조금만 더 느리게 자전을 한다면 우리는 달의 모든 면을 다 살펴볼 수 있을 텐데 말이에요. 이는 하늘에서 일어나는 일 중에서 제가 가장 신기하게 생각하는 부분이에요. 이외에도 신기한 현상을 꼽자면 우리 눈에 보이는 달과 태양의 크기가 거의 같다는 점도 있어요.

달은 우리에게 항상 같은 얼굴을 보여 주되 한 달 동안 태양 빛에 따라 그 얼굴에서 보이는 범위가 달라지는 것뿐이에요. 우리의 얼굴을 예로 든다면, 삭일 때는 얼굴이 보이지 않다가 한쪽 귀부터 보이기 시작해서 점

매일 모양이 변하는 달

점 한쪽 뺨, 한쪽 눈이 보이고, 코와 입이 보이고, 결국 전체 얼굴이 다 보이는 보름달이 돼요. 그리고 다시 한쪽 귀부터 보이지 않다가, 뺨이 보이지 않고, 결국에는 다시 전체가 보이지 않는 삭이 돼요. 이렇게 얼굴에서 보이는 범위는 달라지지만 이 얼굴의 뒷모습은 볼 수가 없어요.

05
월식과 일식

달이 지구의 그림자를 피하기 때문에 보름달이 보이고, 지구가 달의 그림자를 피하기 때문에 지구에서 태양이 보여요. 그런데 달과 지구가 서로의 그림자를 항상 피하는 것은 아니에요. 자주 일어나는 일은 아니지만 태양-지구-달이 일직선상에 놓이는 경우도 발생해요. 이렇게 일직선상에 놓이면 그림자가 다른 천체에 영향을 미치게 되는데, 먼저 지구 그림자에 달이 들어가는 경우부터 살펴볼게요.

지구 그림자에 들어가는 달

지구의 지름은 달보다 4배 정도 커요. 그러므로 다음 그림처럼 지구의 그림자에 달 전체가 쏙 들어갈 수 있어요.(그림에서 지구와 달 사이의 거리는 보기 편하게 그렸지만 그 크기는 비율에 맞게 표현했어요.) 그런데 그림을 보면 지구의 그림자는 검은색이 아니라 붉은색이에요. 왜 그림자가 붉은 걸까요?

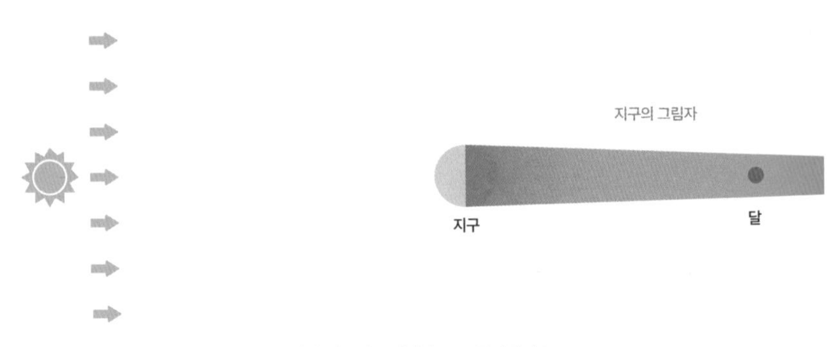

달이 지구의 그림자 속으로 들어갔어요.

그림자란 빛이 가려지는 공간이에요. 즉 지구의 그림자가 드리운 곳에서는 태양 빛이 보이지 않아요. 달이 지구의 그림자 안으로 들어가면 반사할 수 있는 태양 빛이 없기에 달이 보이지 않을 거라고 생각할 수 있어요. 그런데 신기하게도 달은 붉은색 보름달로 보여요. 지구의 그림자 안에서 태양의 다른 빛은 다 가려지지만 붉은빛은 보이기 때문이에요.

태양 빛에는 우리 눈에 보이는 빛과 우리 눈에 보이지 않는 빛이 함께 어울려 있어요. 여기서 우리 눈으로 볼 수 있는 빛은 다양한 색깔로 나뉘어요.(프리즘을 통과한 빛이 여러 색으로 나눠는 것을 본 적이 있을 거예요.) 이렇게 다양한 색깔의 빛 중에 에너지가 가장 약한 빛이 붉은빛이에요. 밤에 별을 관측할 때 붉은색 헤드 랜턴을 사용하는 이유도 약한 빛으로 눈에 자극을 적게 주기 위해서예요.

붉은빛은 약하면서도 유연해요. 저녁 시간, 태양이 서쪽으로 질 때 하늘은 붉게 물들어요. 태양이 땅 가까이 놓이면 태양에서 오는 빛은 두꺼워진 공기층을 통과해야 우리에게 올 수 있는데, 이 과정에서 강한 색깔의 빛은 공기에 부딪혀 흩어지고 가장 약한 붉은빛만 유연하게 공기를 통과

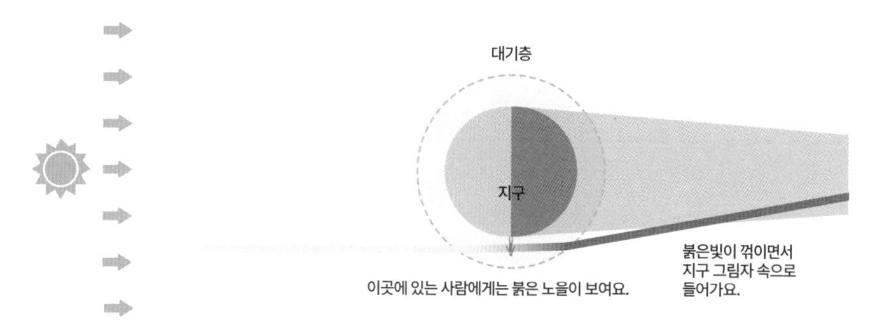

지구의 대기를 통과하며 방향이 꺾인 붉은빛은 지구의 그림자 속으로 들어가요.

해 우리에게 도달하기 때문이에요. 강력한 태풍 앞에서 단단하고 강한 나무는 잘 부러지지만 유연한 풀은 흔들리기만 할 뿐 부러지지 않는 것과 비슷한 현상이라고 할 수 있어요.

위 그림은 태양에서 오는 빛의 한 가닥에게 어떤 일이 일어나는지를 표현한 모습이에요. 지구의 공기층을 통과하면서 살아남은 붉은빛은 계속 나아가다가 다시 공기층을 벗어나는데, 이때 빛의 방향이 꺾여요. 마치 물이 든 투명한 컵에 젓가락을 넣으면 물의 표면에서 꺾여 보이는 것과 같은 현상이에요. 즉 붉은빛이 지구의 공기층을 벗어나면서 그 진행 방향이 바뀌어 지구의 그림자 안으로 들어가고, 달이 이 빛을 반사하기 때문에 우리는 붉은 보름달을 보게 돼요.

이처럼 지구의 그림자 속으로 달이 들어가는 현상을 월식이라고 불러요. 사실 지구의 그림자가 주인공이지만, 우리 눈에는 그림자가 나타나 보름달을 덮어 버리는 것처럼 보이기 때문에 월식(月蝕)이라는 이름이 붙었어요. 앞서 본 것처럼 달이 지구의 그림자 속으로 완전히 들어가면 개기 월식이라고 하고, 일부분만 들어가면 부분 월식이라고 해요. 월식이 시작

할 때는 붉은색이 잘 보이지 않지만 달이 어느 정도 그림자 안으로 들어가면 붉은색이 확연히 보일 거예요. 월식이 보고 싶다면 한국천문연구원의 천문우주지식정보 사이트나 인터넷 검색 등을 통해 앞으로 일어날 월식의 날짜를 확인해 볼 수 있어요. 참고로 우리나라에서는 2025년 9월에 개기 월식을 볼 수 있어요. 월식을 통해 우리가 살고 있는 지구의 그림자를 본다고 생각하면 참 묘한 느낌이 들어요. 역시나 이것도 '우주적 느낌'이라고 부를 수 있을 것 같아요.

달의 그림자에 들어가는 지구

이번에는 거꾸로 달의 그림자에 지구가 들어가는 경우를 살펴볼게요. 태양-달-지구가 일렬로 늘어서면 달의 그림자가 지구를 향해 놓여요. 그런데 달은 지구보다 작으므로 달의 그림자도 지구보다 작을 거예요. 그래서 그림자가 지구를 뒤덮지는 않고 지구의 표면에 상대적으로 작게 달의 그림자가 생겨요. 지구의 그림자는 붉은색이었지만 달에는 공기가 없기 때문에 달의 그림자는 그냥 검은색이에요.

우리가 사는 지역에 달의 그림자가 생기면 태양이 달에 가려지면서 검게 변하고 낮인데도 하늘이 어두워져요. 이러한 현상을 일식이라고 불러요. 월식과 마찬가지로 우리 눈에는 그림자가 나타나 태양을 덮어 버리는 것으로 보이기 때문에 일식(日蝕)이라는 이름이 붙었어요. 태양이 완전히 가려지면 개기 일식이라고 하고, 태양의 일부분만 가려지면 부분 일식이라고 해요. 월식은 밤을 맞이한 지구의 절반에서 다 볼 수 있는 반면, 일

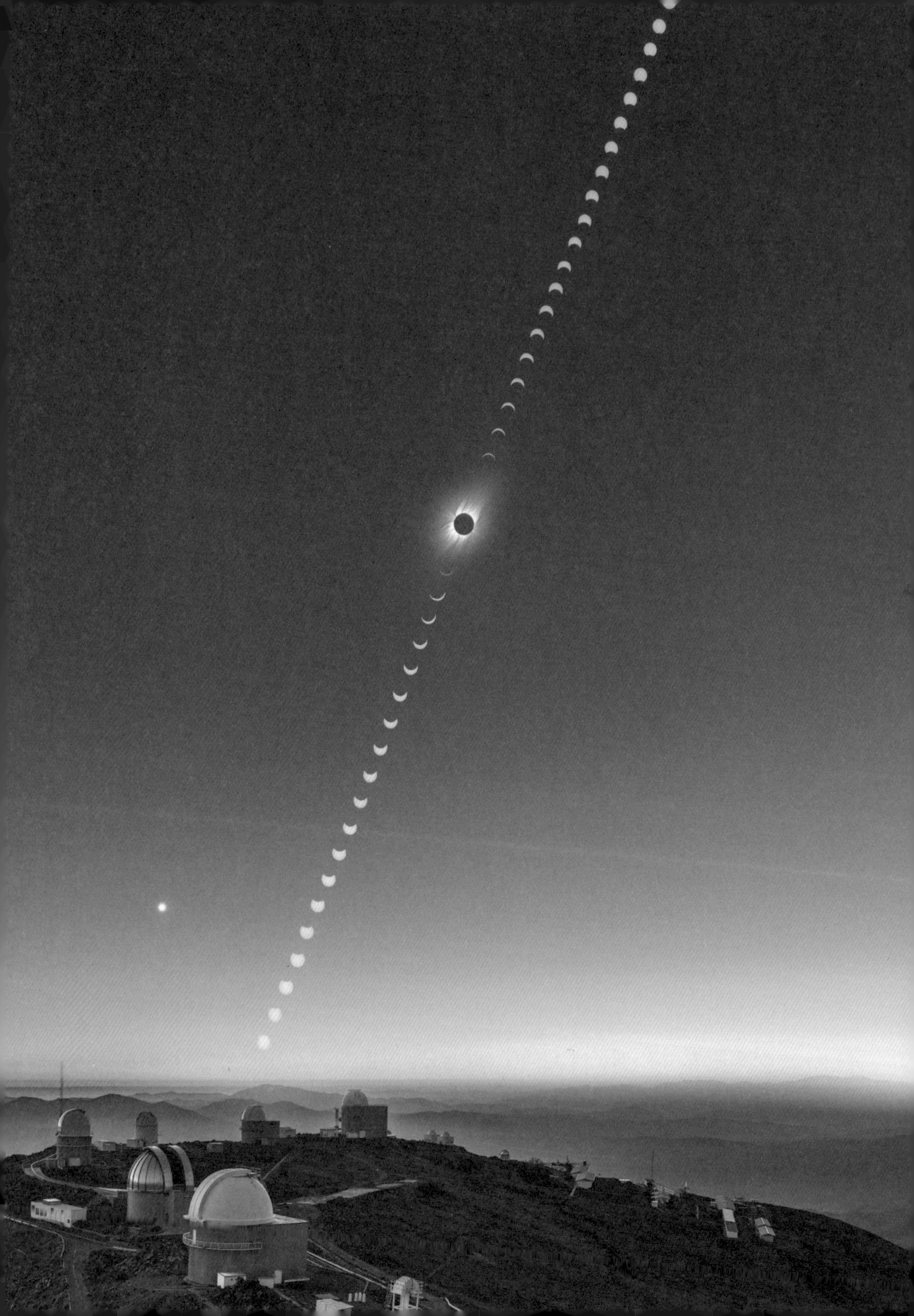

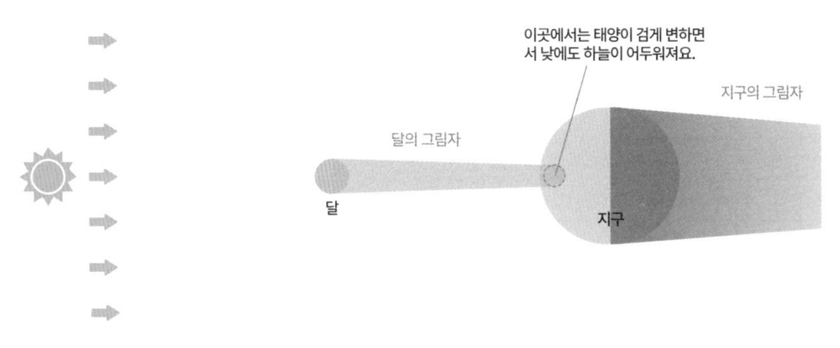

달의 그림자는 지구의 일부 지역에만 놓여요.

식은 지구상의 일부 지역에서만 볼 수 있는 현상이어서 월식에 비해 관측할 기회도 적어요. 달의 그림자가 우리가 사는 지역을 통과해야 하니까요.

그나마 부분 일식은 개기 일식보다는 더 많은 곳에서 관측할 수 있어요. 위 그림에서 보이는 달의 그림자는 태양이 모두 가려지는 개기 일식 부분만 나타낸 것이고, 이 그림자 주변 지역에서는 태양의 일부만 가려지는 부분 일식을 관측할 수 있어요.

사실 저도 부분 일식은 보았지만 개기 일식은 아직 보지 못했어요. 개기 일식을 보기 위해서는 수년 동안 기다려서 달의 그림자가 우리나라를 통과하기를 기다리거나, 아니면 개기 일식이 일어나는 곳으로 비행기를 타고 가서 봐야 해요. 이는 시간적으로나 공간적으로나 쉬운 일은 아닐 거예요. 그래서 이때는 하늘을 보는 마음가짐을 다시 떠올리곤 해요. '다음에 언젠가는 볼 수 있겠지, 뭐.' 하늘을 볼 때는 이런 희망과 여유를 갖는 것이 필요해요.

우리나라에서 볼 수 있는 다음 개기 일식은 2035년에 일어날 예정이에요. 하지만 아쉽게도 북한 지역과 강원도 고성군 일부 지역에서만 볼 수 있어요. 날씨와 상황이 좋아 꼭 관측을 할 수 있으면 좋겠어요.

이렇게 해서 지구와 달의 그림자가 만드는 월식과 일식에 대해 알아보았어요. 여기서 기억하면 좋은 사실은, 월식과 일식이 일어날 때만 그림자가 생기는 것이 아니라 우주에는 항상 지구와 달의 그림자가 있다는 점이에요. 그리고 달은 행성처럼 태양 빛을 반사해서 빛나고 있다는 점도요. 사실 달은 태양 빛을 보여 주는 것이므로 우리는 밤에도 은은하게 태양 빛을 받고 있는 셈이에요.

태양은 절대로 망원경으로 보면 안 돼요

망원경은 강렬한 태양 빛을 한곳으로 모으기 때문에 굉장히 위험할 수 있어요. 돋보기가 태양 빛을 받아 종이를 태우듯이 말이에요. 간혹 영상이나 뉴스에서 망원경으로 태양을 보는 장면이 나오는데, 이는 안전한 필터가 설치되어 있는 망원경이기 때문에 가능한 거예요. 그러므로 일식을 보기 위해 아무런 안전장치가 없는 망원경으로 태양을 보면 절대로 안 돼요. 꼭 기억해 주세요.

06
초보 관측자에게 가장 멋진 천체

6부에서는 달에 대해 살펴보았어요. 달은 태양 빛을 받아서 빛나기 때문에 태양과 지구와 달의 상대적인 위치에 따라 모양이 달라졌어요. 하지만 모양은 변하더라도 달은 항상 우리에게 같은 얼굴만 보여 주었어요. 그리고 모양에 따라 달이 보이는 시간도, 하늘에서의 위치도 달라진다는 것을 확인할 수 있었어요. 또한 태양 빛으로 인해 생기는 지구와 달의 그림자에 의해서 월식과 일식이 일어난다는 것도 알 수 있었어요.

달을 망원경으로 보면 크레이터가 입체감 있게 보이기 때문에 초보 관측자에게 정말 멋진 관측 대상이에요. 게다가 밤하늘에 달과 행성이 함께 떠 있다면 그날은 달과 행성을 모두 볼 수 있는, 밤하늘을 관측하기 좋은 날이라고 말할 수 있을 거예요.

하지만 우리가 초보 관측자를 벗어나면 오히려 달은 관측을 방해하는 요소가 되어 버려요. 왜냐하면 보름달 또는 거의 보름달에 가까워진 달은 생각보다 굉장히 밝아서 밤하늘 자체를 너무 환하게 만들기 때문이에요. 특히나 천체 사진을 찍을 때는 밤하늘이 어두울수록 성운이나 은하를 사진에 잘 담을 수 있기 때문에 가급적 보름달이 뜨는 기간을 피해서 사진을 찍어요.

하지만 이는 초보를 벗어난 사람들의 이야기이고, 역시나 초보 관측자에게 달은 천천히 시간을 들여서 관측할 가치가 있는 대상이에요. 달의 모양에 따라 잘 보이는 크레이터도 달라지기 때문에 한 달 내내 언제 보더라도 새로운 모습을 만날 수 있을 거예요. 그러므로 만약 밤하늘에 달이 떠 있다면 한 번씩은 망원경으로 들여다봐 주세요. 달은 언제나 변함없이 우리에게 멋진 모습을 선물해 줄 거예요.

7부

별똥별과 유성우

소원을 말해 봐

01
별똥별

밤하늘을 보다 보면 예기치 않게 선물 같은 모습을 볼 수 있어요. 갑자기 나타난 밝은 천체가 사선을 그리며 빠르게 움직이다가 금방 사라지는 모습이에요. 이 천체를 별똥별 또는 유성이라고 해요.

별똥별은 마치 별이 꼬리를 만들며 떨어지는 것처럼 보여요. 그리고 나타날 때마다 밝기와 크기, 색깔이 달라요. 어떤 별똥별은 약한 빛으로 조그맣게 나타나서 하얀 꼬리를 만들며 떨어지고, 또 어떤 별똥별은 밝은 빛으로 크게 나타나 신비로운 색을 띤 채로 굵은 선을 그리며 떨어지기도 해요. 제가 보았던 별똥별 중에 가장 멋진 색깔의 별똥별은 에메랄드 빛이 났어요. 굉장히 밝고 크기도 컸는데 예전에 보았던 반딧불과 비슷했기에 제가 '반딧불 별똥별'이라는 이름을 붙여 주었어요.

별자리와 행성, 달, 성운, 성단, 은하는 언제 어디서 보이는지 예상할 수 있어요. 하지만 별똥별은 언제 어디서 나타날지 예측하는 것이 불가능하기 때문에, 그저 밤하늘을 보다가 우연히 만나는 방법밖에 없어요. 그런데 이런 별똥별이 많이 나타나는 시기가 있어요. 이때는 우연을 뛰어넘

별똥별

어서 별똥별을 만나기 위해 하늘을 바라보게 돼요. 이건 다음 2장에서 이야기할게요.

별똥별은 정말 별일까?

별똥별은 이름처럼 진짜 '별'이 떨어지는 걸까요? 보기에는 정말 그런 것처럼 보여요. 하지만 별은 우리 지구에서 상당히 멀리 있기 때문에 별똥별처럼 빠르게 움직이는 모습이 보일 수는 없어요. 똑같은 빠르기여도 멀리 있는 자동차가 가까운 자동차보다 느리게 보이는 것과 같은 이치예요. 그러므로 별똥별은 실제로 별이 아닐 거예요. 별똥별의 정체를 알기 위해서는 우리 지구 주변에 무엇이 있는지 살펴볼 필요가 있어요.

우리는 앞에서 지구 근처에 있는 행성과 달을 살펴보았어요. 행성과 달은 지구와 크기를 비교해야 할 만큼 큰 천체인데, 지구 주변에는 이 정도로 큰 천체만 있을까요? 그건 아닐 거예요. 실제로 우리 주변의 우주에는 다양한 크기의 천체가 많이 있어요. 이들은 따로 존재하기도 하고 어딘가에 모여 있기도 해요. 또 행성처럼 태양을 중심으로 회전하기도 하고, 굉장히 먼 곳에서 태양 주변까지 날아왔다가 다시 먼 곳으로 떠나는 천체도 있어요.

이런 천체들이 움직이다가 작은 부스러기를 우주에 흘리기도 해요. 어떻게 보면 이 부스러기들은 천체가 우주에 남긴 똥이라고도 할 수 있을 거예요.

우리는 앞서 지구가 태양을 중심으로 움직이며 공전한다는 것을 알아보았어요. 이렇게 지구가 우주에서 움직이다 보면 이 부스러기와 마주치는 경우가 있어요. 지구와 마주친 부스러기는 중력에 의해 당겨지면서 지구의 공기층으로 들어와요. 부스러기가 공기층을 빠르게 통과하면 마찰에 의해 열과 빛이 발생하고, 이렇게 발생한 빛이 밤하늘에 꼬리를 그리며 떨어지는 별똥별로 보이는 거예요.

02
유성우

매년 특정한 시기가 되면 평소보다 더 많은 별똥별을 만날 수 있어요. 이때의 별똥별을 마치 유성이 비처럼 많이 떨어진다고 해서 유성우라고 불러요. 그렇다고 해서 실제로 비처럼 마구 쏟아지는 것은 아니에요. 어딘가에서 하나가 떨어지면 어느 정도 시간 간격을 두고 또 다른 곳에서 떨어지는 식인데, 그 빈도가 꽤나 잦아요. 그러므로 별똥별이 보고 싶은 사람들에게는 이 시기가 정말 좋은 기회라고 할 수 있어요. 게다가 매년 거의 똑같은 달마다 이 기회가 다시 찾아와요. 만약 올해 시기를 놓쳤더라도 내년을 기약하면 돼요.

별똥별을 보기 좋은 시기

12월, 1월, 8월이 유성우가 있는 달이에요. 다른 달에도 유성우가 있긴 하지만 이 3개의 달에 특히나 더 많은 별똥별을 볼 수 있어요. 12월에

보이는 유성우는 쌍둥이자리 유성우, 1월은 사분의자리 유성우, 8월은 페르세우스자리 유성우라고 해요.

그런데 별똥별은 새벽에 많이 떨어지기 때문에 겨울인 12월과 1월은 관측하기에 꽤나 추울 수 있어요. 물론 따뜻한 옷을 입고 새벽에 나와 별똥별을 살펴볼 수도 있지만, 별똥별을 잘 보기 위해서는 시간을 갖고 충분히 하늘을 봐야 하기 때문에 그렇게 편안하지는 않을 거예요. 하지만 8월은 달라요. 8월의 새벽은 덥지도 춥지도 않기 때문에 유성우를 보기에 정말 좋은 시기예요. 그러므로 다른 달은 몰라도 8월이 되면 '와! 8월이다. 페르세우스자리 유성우 봐야지!' 하고 생각하면 좋아요.

8월이 되면 뉴스나 인터넷에서도 페르세우스자리 유성우에 대한 이야기를 어렵지 않게 찾을 수 있을 거예요. 유성우 기간 중에서도 가장 별똥별이 많이 나타나는 때를 극대기라고 하는데, 뉴스 등을 통해 이 날짜를 확인하고 가급적 그에 맞춰서 관측 계획을 잡는 것이 좋아요. 하지만 꼭 극대기가 아니더라도 평소보다 많은 별똥별을 볼 수 있으므로 상황에 맞춰 유연하게 계획을 세워도 괜찮아요.

모기를 피해야 하므로 가급적 긴 옷을 입고 새벽 시간에 집을 나와서 미리 점찍어 둔, 가급적 빛이 적고 하늘이 넓게 보이는 장소로 이동해서 밤하늘을 올려다봐요. 돗자리를 챙겨가서 편히 누운 자세로 보는 것도 좋은 방법이에요. 페르세우스자리 유성우라는 이름 때문에 페르세우스자리 쪽에서만 보일 것 같지만 그렇지 않으므로 그냥 밤하늘 전체를 두루두루 쳐다보면 돼요. 이제부터는 우연에 몸을 맡기는 거예요. 별똥별은 갑자기 나타나서 순식간에 사라지기 때문에, 만약 누군가와 함께 관측을 하러 갔다면 나는 못 보고 그 사람만 볼 수도 있어요. 이때는 그저 믿고 기다리는 수

밖에 없어요. 기다리다 보면 멋지고 큰 별똥별을 보게 될 거예요.

부스러기 터널

그런데 왜 이처럼 특정한 시기에 별똥별이 더 많이 떨어질까요? 앞서 이야기한 것처럼 별똥별은 지구와 우주의 부스러기가 마주치면서 생기는 현상이에요. 부스러기를 흘리는 대표적인 천체로 혜성을 꼽을 수 있어요. 혜성은 먼 곳에서 태양 근처까지 날아왔다가 다시 먼 곳으로 떠나는 천체예요. 그 과정에서 부스러기를 꽤 많이 흘리는데, 혜성이 지나간 자리에 부스러기 터널이 생길 정도예요.

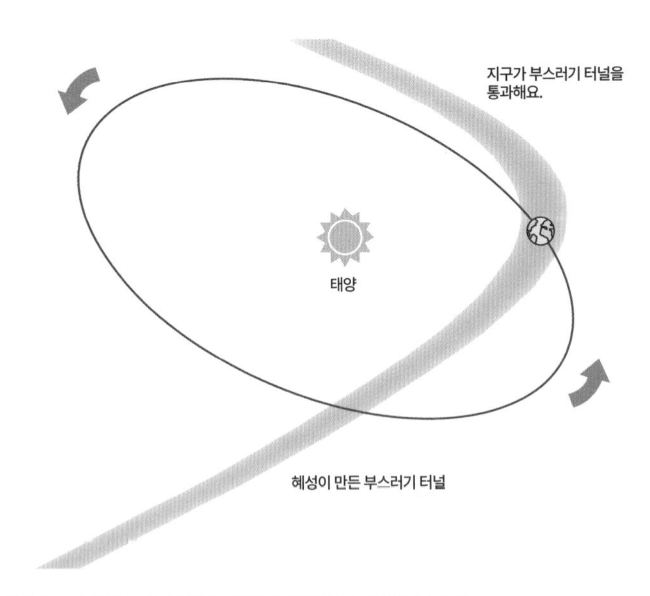

지구가 공전하며 부스러기 터널로 들어가면 유성우를 관측할 수 있어요.

태양 주위를 공전하던 지구가 이 부스러기 터널로 들어가면 많은 별똥별이 떨어져요. 이 기간이 바로 유성우가 내리는 시기예요. 그리고 앞의 그림에서 알 수 있듯이 지구는 태양을 한 바퀴 돌아 다시 이 부스러기 터널을 통과하므로 매년 같은 달에 그 유성우를 또다시 볼 수 있어요.

그렇다면 유성우는 왜 저녁보다 새벽에 더 잘 보일까요? 다음 왼쪽 그림에서 지구는 공전하면서 부스러기 터널을 지나고 있어요. 실제로 터널 속 부스러기들은 흐름을 따라 움직이고 있지만 여기서는 한 자리에 고정되어 있다고 가정해서 이야기해 볼게요. 우리가 ①에서 ②를 지나 ③까지 회전하는 동안은 해가 떠 있는 시간이므로 당연히 별똥별이 보이지 않고, ③에서 ④를 지나 ①로 가는 밤 시간에 별똥별이 보일 거예요. 그리고 지구가 부스러기 터널을 통과하며 위쪽(빨간 화살표 방향)으로 움직이고 있지만, 지구의 입장에서는 오른쪽 그림처럼 터널의 부스러기들이 아래쪽으로 움직이는 것으로 보여요. 태양이 막 진 시간인 ③에서는 부스러기들이 중

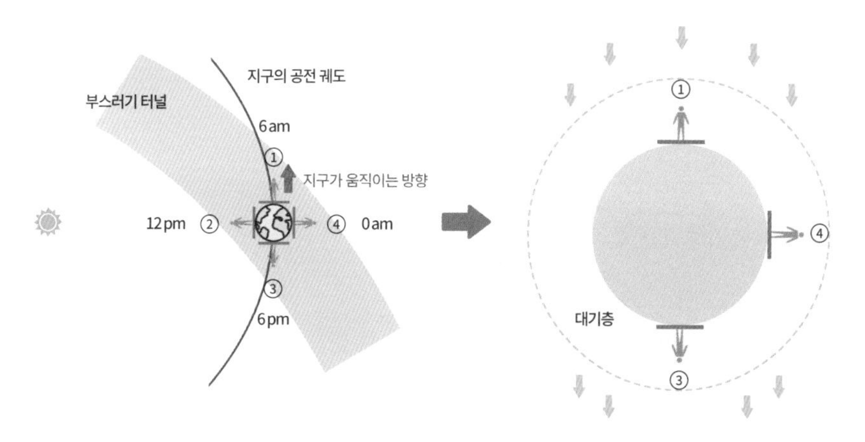

우리가 ④에서 ①로 가는 새벽 시간에 별똥별이 많이 떨어져요.

력에 의해 지구로 떨어지려 하지만 지구도 같은 방향으로 자꾸 도망가기 때문에 별똥별이 많이 보이지 않아요. 시간이 지나 ④의 위치가 되면 지구가 움직이는 방향이 부스러기가 잘 떨어질 수 있는 방향이 되고, 지구 자전에 의한 대기의 효과까지 더해져서 많은 별똥별이 보이기 시작해요. 그래서 우리는 태양이 뜨기 직전인 ①의 위치가 될 때까지 유성우를 즐길 수 있어요. 이처럼 지구의 움직임과 우리 위치의 관계 때문에 유성우는 자정이 지난 후부터 새벽 6시 사이에 잘 볼 수 있어요.

유성우의 이름

또한 앞에서 본 것처럼 유성우에는 쌍둥이자리 유성우, 사분의자리 유성우, 페르세우스자리 유성우처럼 별자리 이름이 붙어 있었어요. 페르세우스자리 유성우라고 해서 페르세우스자리에서만 별똥별이 떨어지는 것도 아닌데 왜 이런 이름이 생겼을까요?

별똥별은 밤하늘 전체에서 관측되지만 떨어지는 별똥별들을 거꾸로 되돌려 보면 신기하게도 마치 어딘가 한곳에서 출발해 중간부터 나타나는 것처럼 보여요. 페르세우스자리 유성우의 경우는 이 출발점이 바로 페르세우스자리로 보이기 때문에 이런 이름이 붙여진 거예요.

그런데 왜 별똥별들이 한곳에서 출발하는 것처럼 보일까요? 정말로 페르세우스자리에서 별똥별이 날아온 걸까요? 아마 그렇지는 않을 거예요. 앞서 이야기했듯이 유성우는 지구가 부스러기 터널에 들어섰을 때 나타나는 현상이니까요.

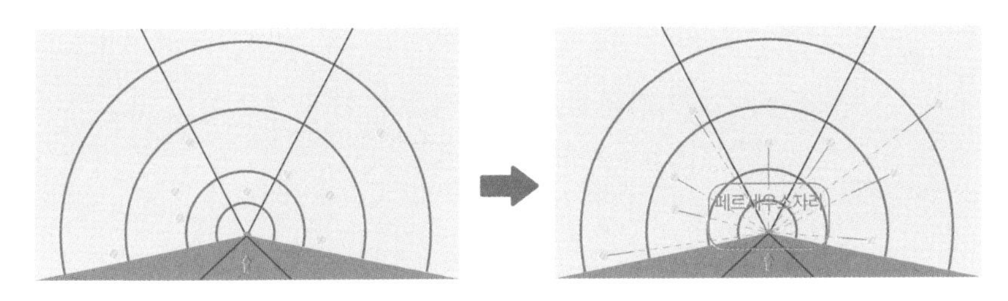

조명이 있는 터널에서 앞으로 달리면 조명이 마치 출구에서 나오는 것처럼 보여요.

사실 이렇게 보이는 건 단지 겉보기 현상이에요. 예를 들어 밤에 자동차를 타고 가다가 터널에 들어섰다고 생각해 볼게요. 이 터널은 굉장히 길고 곧게 뻗어 있어요. 그리고 터널 안에는 여러 개의 조명이 있어요. 그렇다면 위 왼쪽 그림처럼 보일 거예요. 이제 자동차가 달려가면 우리 눈에는 터널이 우리에게 다가오는 것처럼 보여요. 터널 안의 조명 역시 반대쪽 출구에서 우리를 향해 쏟아져 나오는 것처럼 보이고요. 태양을 공전하는 지구가 부스러기 터널을 통과할 때도 이와 비슷한 일이 일어나요. 터널 속 부스러기의 흐름이 지구와 부딪히면서, 지구의 중력에 이끌리는 부스러기들은 대부분 비슷한 방향으로 지구 대기에 들어와요. 그래서 우리가 보기에는 별똥별들이 마치 한 점에서 출발한 것처럼 보여요.

이렇게 해서 밤하늘에서 만나게 되는 뜻밖의 선물인 별똥별과, 많은 별똥별을 볼 수 있는 유성우에 대해 알아보았어요. 별똥별은 실제 별이 아니라 우주를 돌아다니는 작은 천체들이 흘려 놓은 부스러기가 지구의 대기와 만나 생기는 현상이고, 이런 부스러기가 많이 모여 있는 곳을 지구가 통과할 때 우리는 더 많은 별똥별을 볼 수 있다는 것도 알게 되었어요.

별똥별이 떨어질 때 소원을 빌면 그 소원이 이루어진다는 예쁜 미신

이 있어요. 이루고 싶은 소원들을 잔뜩 적어 놨다가 매년 8월 페르세우스 자리 유성우를 보며 한꺼번에 소원을 빌어 보는 것도 좋겠어요.

8부

천체 망원경

더 멀리 더 밝게

01
천체 망원경 만들기

우리 눈은 아쉽게도 어두운 천체를 보기에는 그 크기가 많이 작은 편이에요. 눈이 작으면 한꺼번에 받아들일 수 있는 빛의 양도 적어져서 약한 빛의 천체를 잘 볼 수가 없어요. 하지만 인간은 도구를 사용해서 약점을 극복할 수 있어요. 우리의 눈을 더 크게 만들어 주는 도구, 그래서 밤하늘의 성운, 성단, 은하를 볼 수 있게 해 주는 도구가 바로 천체 망원경이에요.

천체 망원경 따라잡기

지금부터 우리는 천체 망원경을 만들어 볼 거예요. 다만 손으로 직접 만드는 것이 아니라, 글을 통해서 머릿속으로 차근차근 만들어 볼 거예요. 이 과정을 통해 여러분은 천체 망원경이 어떤 구조인지 알 수 있을 뿐더러, 나중에 천체 망원경을 구매할 때 맞닥뜨리게 될 이상한 용어와 숫자가 낯설지 않게 느껴질 거예요.

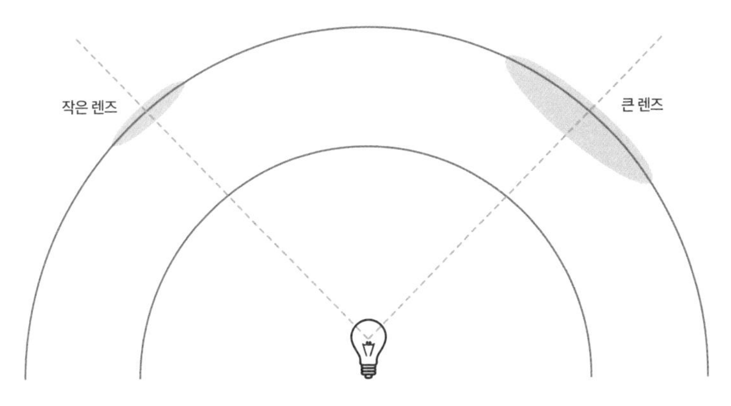

렌즈가 클수록 한 번에 더 많은 빛을 받을 수 있어요.

천체 망원경을 만들기 위해서는 가장 먼저 우리의 눈 모양과 똑같이 양쪽이 볼록한 볼록 렌즈가 필요해요. 우선 렌즈의 크기부터 결정하도록 할게요. 위 그림에는 빛을 내는 전구가 있어요. 이 전구에서 나오는 빛은 사방으로 일정하게 퍼지는데, 전구에서 동일한 거리에 작은 렌즈와 큰 렌즈가 놓여 있어요. 그림에서 볼 수 있듯이 렌즈의 크기가 크면 클수록 전구에서 나오는 빛을 한 번에 더 많이 받아들이게 돼요.

우리는 밤하늘에서 희미하게 보이는 대상을 관측해야 하므로 빛을 가급적 많이 받아들여야 좀 더 밝게 볼 수 있어요. 그러므로 일단 망원경에 들어갈 렌즈는 우리의 눈보다 커야 할 거예요. 망원경에서는 렌즈의 크기를 구경이라고 불러요. 정면에서 보았을 때 렌즈는 원 모양이므로 이 원의 지름이 구경이에요. 보통 길이의 단위로 센티미터(cm)가 익숙하지만 망원경에서는 길이의 단위로 센티미터 대신 밀리미터(mm) 또는 인치(inch)를 사용해요. 1cm는 10mm와 같고, 1inch는 2.54cm 또는 25.4mm와 같아요. 단위는 여러 번 사용하다 보면 익숙해질 거예요.

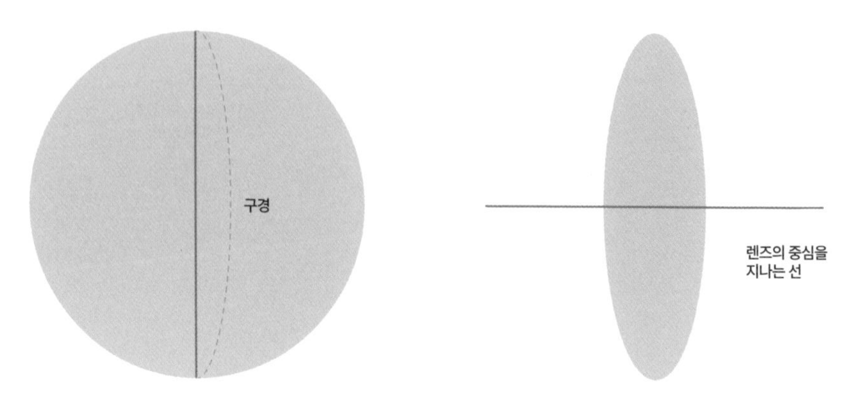

볼록 렌즈를 앞에서 보면 원 모양이고, 옆에서 보면 앞뒤가 볼록해요.

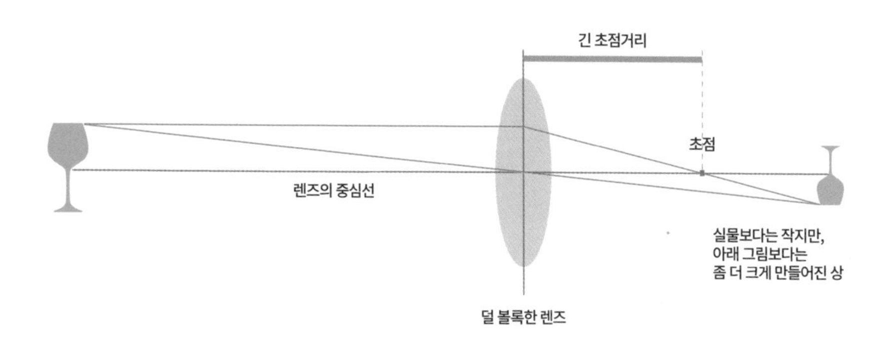

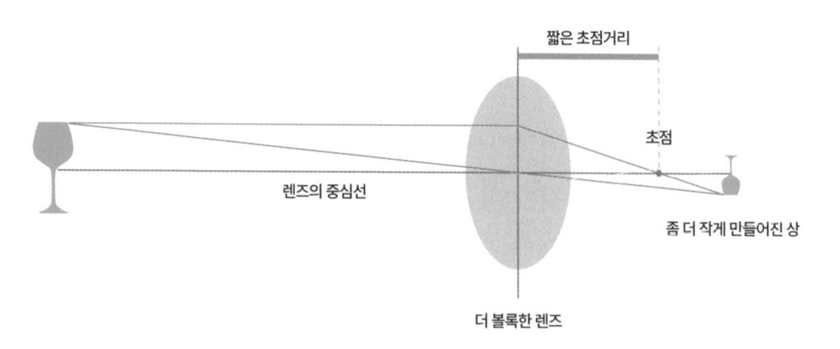

렌즈의 볼록한 정도에 따라서 초점거리가 달라져요.

렌즈의 볼록한 정도

렌즈의 크기가 결정되면 다음에는 렌즈의 볼록한 정도를 결정해야 해요. 앞의 그림에는 덜 볼록한 렌즈와 더 볼록한 렌즈가 있어요. 이 렌즈를 통해 왼쪽에 있는 와인 잔을 보려고 해요. 그림에서는 와인 잔을 렌즈 가까운 곳에 그려 놓았지만, 실제로는 와인 잔이 렌즈에서 충분히 멀리 떨어져 있다고 생각해 주세요. 이 와인 잔은 주변에 있는 전등의 빛을 반사하고 있어요. 알아보기 쉽도록 와인 잔의 머리 부분 한 점에만 주목해 볼게요. 물론 이 점에서 반사되는 빛도 사방으로 퍼지겠지만 우리는 렌즈의 중심선에 나란히 들어오는 빛과 렌즈의 중심으로 들어오는 빛, 두 가닥만 살펴볼 거예요.

렌즈의 중심선에 나란히 들어오는 빛은 렌즈를 통과하면서 꺾이고, 렌즈의 중심으로 들어오는 빛은 거의 꺾이지 않은 채 그대로 통과해요. 이 두 빛이 만나는 곳에는 빛으로 만들어진 물체가 생겨나게 되는데, 이처럼 렌즈를 통과한 빛이 만드는 이미지를 상이라고 해요.

그림에서 볼 수 있듯이 렌즈가 볼록할수록 빛은 더 많이 꺾이고, 상은 렌즈에 더 가까운 위치에 만들어져요. 그리고 렌즈에 더 가까운 위치에 만들어질수록 상은 작아져요. 이를 흔히 "초점거리가 짧을수록 상이 작게 맺힌다."라고 표현해요. 여기서 초점이란 렌즈의 중심선과 나란하게 들어오는 빛이 꺾이면서 중심선과 만나는 점을 말하고, 이 점과 렌즈까지의 거리를 초점거리라고 불러요. 정리하면 렌즈가 볼록할수록 빛이 많이 꺾이므로 초점거리가 짧아지고 상은 작게 만들어져요. 결국 초점거리는 빛으로 만들어지는 상의 크기와 관련이 있어요.

이번에는 하얀 종이를 두 장 준비해 볼게요. 이 종이를 앞의 그림에서 상이 만들어지는 곳에 놓으면 종이에는 와인 잔의 모습이 나타날 거예요. 또한 초점이 맞지 않아 흐릿하긴 하겠지만 와인 잔 뒤에 있는 배경도 종이에 함께 나타날 거고요. 그러면 각각의 렌즈를 통과해 종이에 나타난 와인 잔과 배경은 어떤 차이를 보일까요?

초점거리가 길어서 빛의 물체가 커지는 경우에는, 렌즈 왼쪽에 있는 실제 세상이 확대가 많이 되었기 때문에 종이에 좁은 영역만 담겨요. 반대로 초점거리가 짧아서 빛의 물체가 작게 나타난 경우에는, 확대가 덜 되었기 때문에 종이에 넓은 영역이 담겨요. 이렇게 특정 크기의 종이에 담기는 실제 세상의 영역을 화각이라고 불러요. 즉 초점거리가 길면 화각이 좁아지고, 초점거리가 짧으면 화각이 넓어져요. 만약 종이 대신에 렌즈를 뺀 카메라를 놓는다면 빛의 와인잔과 배경이 사진으로 찍힐 거예요. 이 사진의 화각을 결정짓는 것이 바로 렌즈의 초점거리예요.

망원경에서는 구경과 초점거리를 중요한 요소로 다뤄요. 구경은 렌즈가 받아들이는 빛의 양을 결정하고, 초점거리는 렌즈가 만들어 내는 상

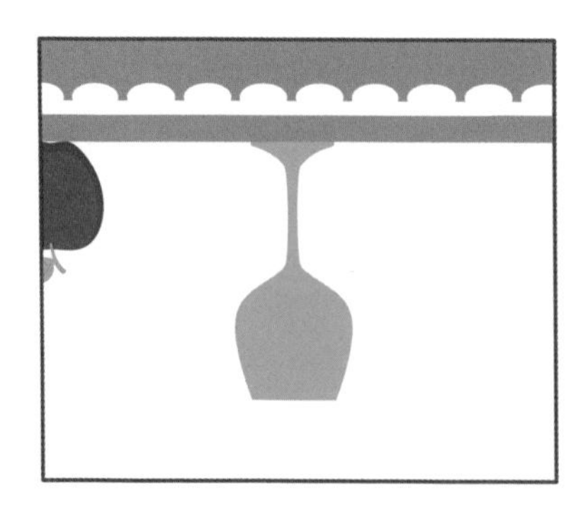

초점거리가 길어서 상이 커지면, 화각이 좁아져요.

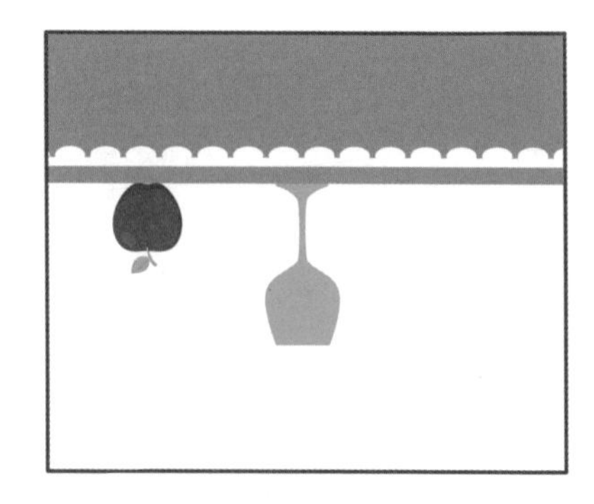

초점거리가 짧아서 상이 작아지면, 화각이 넓어져요.

의 크기를 결정해요.

여기서 우리가 기억해야 할 가장 중요한 것은, 렌즈에 들어오는 빛의 총량은 온전히 구경에 따라서 결정된다는 점이에요. 즉 우리가 관측할 대상을 얼마나 밝게 볼 수 있는지는 구경에 의해 정해져요. 그러므로 어두운 천체를 안시 관측으로 최대한 밝게 보기 위해서는 렌즈의 구경이 클수록 좋아요.

눈으로 보는 접안렌즈

지금까지 우리가 다룬 것은 하나의 렌즈로 만들어지는 상의 밝기와 크기였어요. 이는 렌즈의 구경과 초점거리에 따라 정해지는데, 우리는 이렇게 만들어진 상을 또 다른 렌즈로 관찰할 수 있어요. 지금까지 다룬 렌즈는 관찰 대상 쪽에 있는 렌즈이므로 대물렌즈라 부르고, 우리가 상을 관찰하는 데 쓰는 렌즈는 눈이 직접 닿는 렌즈이므로 접안렌즈(아이피스)라 불러요. 우리는 접안렌즈를 통해 상의 크기를 조절할 수 있어요.

대물렌즈는 망원경에 고정되어 있는 렌즈여서 망원경을 새로 사지 않는 이상 바꾸기가 어려워요. 예를 들어 대물렌즈의 초점거리가 800mm라면 망원경을 구매하는 순간 이미 정해진 값이에요. 그리고 이 초점거리로 인해 대물렌즈가 만드는 상의 크기도 고정되어 있어요. 하지만 접안렌즈는 여러 종류를 교체하며 사용할 수 있어요. 다양한 초점거리의 접안렌즈를 통해 고정된 상을 여러 크기로 보는 것이 가능해요. 이때 접안렌즈를 바꾸어 망원경으로 보이는 물체의 크기를 조절하는 것을 "배율을 조절한다."라고 표현해요. 여기서 배율은 대물렌즈의 초점거리를 접안렌즈의 초점거리로 나눈 값으로, 숫자가 클수록 대상이 더 확대되어 보인다는 의미예요. 만약 초점거리가 40mm인 접안렌즈를 사용한다면 배율은 800/40으로 20배가 되고, 초점거리가 20mm인 접안렌즈를 사용한다면 이보다 더 확대된 40배로 볼 수 있어요. 하지만 이미 대물렌즈가 만들어 놓은 상을 확대하는 것이고, 상의 밝기는 정해져 있기에 이 상을 크게 확대할수록, 즉 배율을 더 높일수록 우리가 보는 대상은 더 어둡게 보여요.

밝기를 결정하는 f/수

잠시 정리하자면 안시 관측을 할 때 망원경에서 대물렌즈의 구경과 초점거리, 그리고 대물렌즈의 초점거리를 접안렌즈의 초점거리로 나눈 배율이 중요해요. 그런데 또 하나 중요한 요소가 있어요. 천체 사진을 촬영할 때 꼭 알아야 할 부분인데 구경비라고 불리는 f/수예요. f/수는 초점거리를 구경으로 나눈 값이에요. 예를 들어 초점거리가 800mm이고 구경이 100mm라면, 구경비인 f/수는 800을 100으로 나눈 8이 되고 f/8이라고 표현해요.

지금부터는 조금 어려울 수도 있지만 알아 두면 정말 좋은 f/수에 대해 잠시 살펴보려고 해요. 일단 안시 관측에만 관심이 있으신 분들은 이 부분을 넘어가셔도 돼요. 하지만 천체 사진에 관심이 있으신 분들은 f/수를 이해하면 많은 도움이 될 거예요.

우선 초점거리가 동일하지만 구경이 다른 두 렌즈를 살펴볼게요. 초점거리가 상의 크기를 결정하므로 다음 그림의 두 렌즈가 만든 상의 크기는 동일할 거예요. 그런데 아래에 있는 렌즈의 구경이 2배 더 커요. 지름이 2배 커지면 원의 넓이는 제곱으로 커져서, 받아들이는 빛의 양은 4배 더 커져요. 결국 두 렌즈가 만든 상은 같은 크기지만 아래에 있는 렌즈는 4배 더 많은 빛을 사용해서 상을 만들었으므로 아래쪽 상이 4배 더 밝을 거예요. 예를 들어 그림에 있는 두 렌즈의 초점거리가 모두 800mm이고, 위 렌즈의 구경은 80mm, 아래 렌즈의 구경은 160mm라고 해 볼게요.(그림에서는 편의를 위해 구경이 초점거리만큼 크게 그려져 있지만 사실은 초점거리가 구경보다 훨씬 길어요.) 그러면 위 렌즈의 f/수는 800/80인 f/10이고 아래 렌즈의 f/수는 800/160인 f/5예요. 그러므로 초점거리가 같을 때 f/수가 2배 차이 난

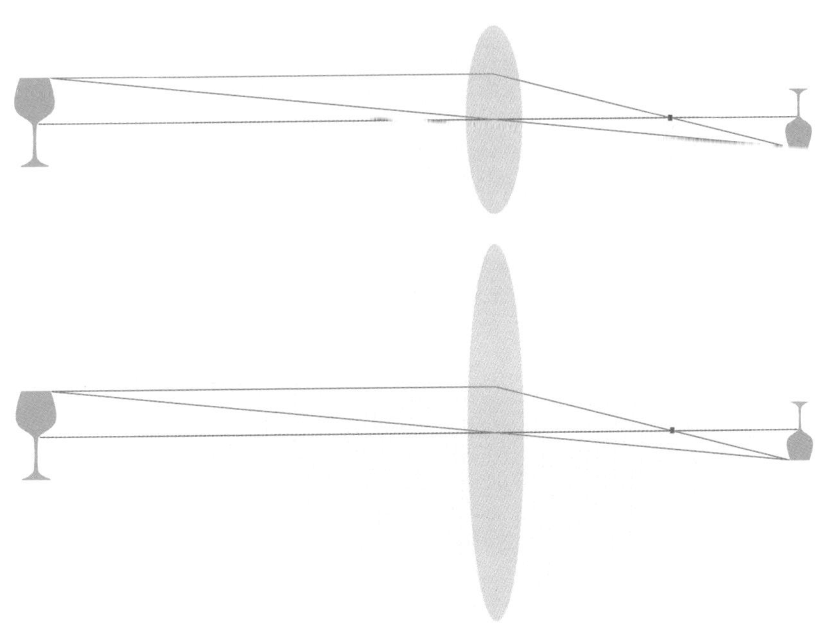

구경이 2배 커지면 렌즈의 넓이는 4배가 커지고, 모으는 빛도 4배 더 많아져요.

다면, 더 작은 쪽이 같은 크기의 상을 4배 더 밝게 만들 수 있어요. 즉 f/수가 작을수록 더 밝은 상을 만들어요.

이번에는 206쪽 아래 그림으로 다시 돌아가 볼게요. 이 그림의 두 렌즈는 구경이 같지만 초점거리가 달라요. 그래서 렌즈에 들어오는 빛의 양은 동일하지만 상의 크기에는 차이가 있어요. 상이 맺혀진 곳에 아주 작은 크기의 흰색 사각형을 똑같이 놓아 볼게요. 흰색 사각형 안에 와인 잔의 일부가 나타날 텐데, 상의 크기가 큰 경우 와인 잔의 일부가 더 적게 나타날 거예요. 반대로 상의 크기가 작은 경우 와인 잔의 일부가 더 밀집되어서 많이 들어갈 거예요. 그러면 어떤 사각형이 더 밝을까요? 당연히 사각형에 빛이 더 많이 들어간 후자의 경우가 밝아요. 즉 구경이 같다면 초점거리가 짧은 렌즈가 더 밝은 상을 만들어요. 그리고 초점거리가 짧으면 f/수가 더 작아져요. 만약 우리가 상이 맺혀진 곳에 놓았던 사각형이 카메라 CCD의 한 픽셀이었다면 f/수가 더 작은 쪽이 한 픽셀당 더 많은 빛을 받게 돼요.

이번에는 f/수가 같은 두 렌즈를 비교해 볼게요. 첫 번째 렌즈는 구경 80mm에 초점거리가 400mm예요. 그러면 f/수는 400/80이니 f/5예요. 두 번째 렌즈는 구경 160mm에 초점거리가 800mm예요. 이 렌즈도 f/수는 800/160이니 f/5예요. f/수는 같아도 두 번째 렌즈가 구경이 2배 더 크므로 받아들이는 빛의 양은 4배 더 클 거예요. 그런데 두 번째 렌즈의 초점거리가 2배 더 기니까 만들어지는 상의 한 변 길이도 2배씩 커져서 첫 번째 렌즈보다 4배 큰 넓이의 상을 만들게 돼요. 결국 두 렌즈는 같은 밝기의 상을 만들어요.(하지만 구경이 큰 두 번째 렌즈는 같은 밝기로 훨씬 확대된 상을 만들 수 있다는 차이가 있어요.) 즉 f/수가 같으면 구경과 초점거리는 다르더라도 같은 밝기의 상이 만들어져요. f/수는 상의 밝기를 나타내는 지표라고 볼 수 있어요 천체 사진을 찍을 때는 접안렌즈를 사용하지 않기 때문에 온전히 대물렌즈가 만드는 상의 크기와 화각, 밝기가 중요해요. 그래서 화각을 결정하는 초점거리와 밝기를 결정하는 f/수가 매우 중요한 요소예요. 다만 바로우 렌즈나 리듀서와 같은 보정 렌즈를 사용하면 대물렌즈의 초점거리를 어느 정도 변경할 수 있어요. 그리고 f/수가 작은 것을 빠르다고 표현하는데, 천체 사진은 일정 시간 동안 빛을 축적해서 촬영하기 때문에 상이 밝을수록 더 빨리 원하는 밝기에 도달할 수 있기 때문이에요.

렌즈를 고정하는 경통

이제 기다란 원통을 준비해서 앞쪽에 대물렌즈를 넣어 볼게요. 대물렌즈가 들어가게 되는 이 원통을 경통이라고 불러요. 경통의 길이는 대략 대물렌즈의 초점거리 정도로 할게요. 대물렌즈 앞에는 후드를 설치하고 경통의 뒷부분에는 배율을 바꾸기 위해 교체해서 끼울 수 있는 접안렌즈를 놓도록 할게요. 접안렌즈를 경통의 뒷부분에 연결할 때는 바로 끼울 수도 있지만, 90도 꺾어서 끼울 수 있도록 해 주는 천정 미러를 중간에 넣을

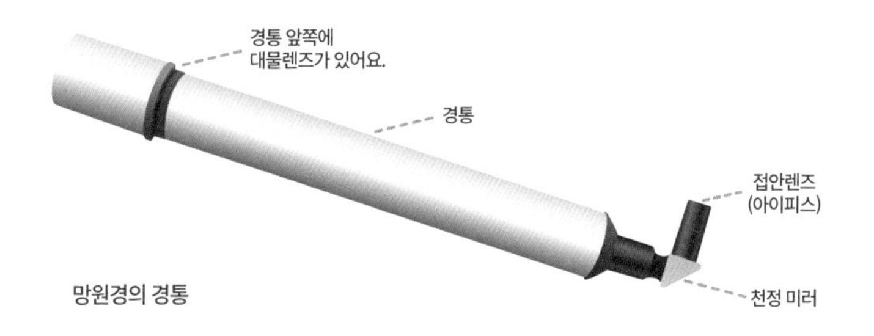

망원경의 경통

수도 있어요. 천정 미러를 설치하면 높은 하늘에 있는 대상을 볼 때 좀 더 편한 자세로 볼 수 있어요.

결국 우리가 살펴보고 있는 렌즈의 핵심은 들어오는 빛을 꺾은 후, 모아서 상을 만드는 것에 있어요. 이렇게 빛이 꺾이는 것을 굴절이라고 하기 때문에, 렌즈를 사용하는 망원경을 굴절 망원경이라고 불러요. 그런데 렌즈를 통과한 빛이 그대로 꺾이면 좋겠지만 프리즘을 통과한 무지개처럼 색깔이 나뉘면서 조금씩 다르게 꺾여요. 이로 인해 색깔별로 초점과 초점거리가 조금씩 달라져서 상이 정확한 위치에 생기지 않아요. 이런 현상을 색수차라고 하는데 렌즈가 빛을 더 많이 꺾을수록, 즉 f/수가 작을수록 색수차가 커져요. 색수차를 줄이려면 렌즈가 빛을 최대한 적게 꺾도록 하는 게 좋아요. 그래서 렌즈를 사용하는 굴절 망원경은 구경에 비해 초점거리가 길어지게 되고, 초점거리가 길어지는 만큼 경통의 길이도 긴 게 특징이에요. 색수차를 줄이기 위해 특수하게 고안된 아크로매틱 렌즈(아크로)나 이를 개량한 아포크로매틱 렌즈(아포)를 사용하기도 하는데, 물론 성능이 더 좋은 아포가 아크로보다 가격이 비싸요.

반사 망원경과 굴절 망원경

우리가 일반적으로 만날 수 있는 굴절 망원경의 구경은 70~120mm 정도예요. 렌즈를 그 이상으로 크게 만드는 것이 쉽지 않기 때문이에요. 구경이 150mm만 되어도 상당히 큰 굴절 망원경이라고 할 수 있어요. 그런데 150mm면 성인의 한 뼘보다도 작은 정도이니 막상 크다고는 하기 어렵겠죠. 이러한 한계를 극복하기 위해서 렌즈가 아닌 거울을 이용해 빛을 모으는 망원경이 있어요. 이를 반사 망원경이라고 해요. 거울은 빛을 통과시키지 않고 반사하므로 색수차가 발생하지 않는다는 장점이 있어요. 렌즈에 비해 거울은 크게 만드는 것이 그리 어렵지 않으므로 구경이 큰 망원경은 대부분 반사 망원경이라고 볼 수 있어요.

반사 망원경과 굴절 망원경은 여러 차이가 있어요. 굴절 망원경의 렌즈는 경통 앞에 있지만 반사 망원경의 거울은 경통 뒤쪽에 있어요. 그리고 반사 망원경은 경통 안에 부경이라고 불리는 작은 거울을 하나 더 집어넣는데, 부경이 빛을 한 번 더 반사하기 때문에 경통을 초점거리만큼 길게 만들지 않아도 돼요. 또 굴절 망원경의 경우 경통 안쪽이 대물렌즈와 접안렌즈에 의해 밀폐가 되지만, 반사 망원경은 경통 안쪽이 그냥 오픈되어 있어요. 이로 인해 경통 내부의 공기가 불안정해서 상이 일렁일 수 있다는 단점도 있지만 반사 망원경은 구경이 커서 빛을 많이 모을 수 있고 선명도도 높다(분해능이 좋다)는 장점이 있어요.

굴절 망원경을 구입할지, 반사 망원경을 구입할지, 또는 두 가지 구조를 섞어 놓은 복합 망원경을 구입할지는 개인의 선택이에요. 굴절 망원경은 상이 안정적이고 관리와 사용이 쉽다는 장점이 있는 반면, 구경이 그렇게 크지 않다는 단점이 있어요. 반사 망원경은 상이 일렁일 수 있고 관측 전에 광축 정렬이라는 작업을 해야 하기 때문에 사용이 다소 어려울 수 있지만 구경이 크다는 장점이 있어요. 관측을 하다 보면 개개인의 성향에 따라 어떤 단점은 크게 느껴지고 어떤 단점은 중요하게 느껴지지 않는 경우도 많아요. 다른 사람이 이야기하는 단점보다는 자신이 중요하게 생각하는 장점을 지닌 망원경을 선택하는 것이 좋아요.

고정을 위한 삼각대와 가대

이제 렌즈가 들어있는 경통을 땅 위에 단단히 세우기 위해 발이 3개 달린 삼각대 위에 경통을 올려 볼게요. 그런데 경통은 삼각대 위에 그대로 고정하면 안 돼요. 밤하늘의 여러 방향을 보려면 경통의 방향을 자유롭게 조절할 수 있어야 하기 때문이에요. 그래서 경통을 가대(마운트)라고 불리는 지지대에 연결한 후에 삼각대 위에 올려요. 경통과 삼각대 사이에 위치한 가대는 경통을 움직일 수 있게 하는 장치예요.

가대는 경통이 어떻게 움직일지를 결정해요. 즉 어떤 방식의 가대를 사용하느냐에 따라 경통의 움직임이 달라져요. 모터와 리모컨이 설치된 가대도 있는데, 이러한 가대를 사용하면 경통을 자동으로 움직이게 할 수도 있어요.

가대가 경통을 움직이게 하는 방식에는 경위대식과 적도의식의 2가지가 있어요. 이름은 어려워 보이지만 알고 보면 그렇게 어려운 내용은 아니에요. 경위대식은 단순히 상하좌우로 경통을 움직이는 방식이에요. 관광지 전망대에 있는 쌍안경을 생각하면 돼요. 직관적이고 쉽게 조작할 수 있기 때문에 수동으로 경통을 조절하기 쉬워요.

그런데 경위대식은 우리 입장에서 편리하지만 별을 바라보기에는 조금 불편할 수도 있는 방식이에요. 별은 북극성을 중심으로 회전하므로 상하좌우로만 움직여서는 특정한 별을 오랫동안 관측하기 어려워요. 이런 단점을 보완하기 위해 망원경이 쉽게 별을 따라갈 수 있도록 고안된 방식이 적도의식이에요.

적도의식 가대에는 회전축이 2개 있어요. 우선 그중 하나를 북극성 방향에 맞춰요.(다른 하나의 축은 이 축과 직각으로 놓여 있어요.) 엄밀히 말하면 북극성의 조금 옆, 밤하늘이 회전하는 중심에 맞춰야 해요. 적도의식 가대에는 오직 이 축을 정확히 맞추기 위해 별도의 극축 망원경이 들어 있어요. 천체 사진을 찍기 위해서는 극축 망원경을 통해 축을 아주 정확하게 맞춰야 해요. 그리고 모터를 연결해서 북극성 방향의 축이 밤하늘과 같은 속도로 회전하게 하면 망원경은 계속해서 하나의 대상을 따라갈 수 있어요. 그래서 긴 시간 동안 하나의 천체를 촬영하기 위해서는 모터가 달린 적도의식 가대가 필수라고 할 수 있어요. 물론 별을 추적할 수 있는 경위대식 가대도 있지만 적도의식 가대가 여러 면에서 편리해요.

초보 관측자와 천체 사진

잠시 천체 사진 이야기를 해 보자면, 사진을 잘 찍기 위해서는 생각보다 필요한 도구가 많아요. 사진을 찍을 수 있는 DSLR 카메라 또는 CCD 카메라가 필요하고, 이 카메라를 망원경에 연결할 수 있는 어댑터가 필요해요. 그리고 망원경을 피사체에 완벽히 고정해야 사진이 흔들림 없이, 별이 흘러간 모습 없이 선명하고 또렷하게 찍을 수 있기 때문에 대상을 좀 더 정확하게 추적하기 위해 가이드 망원경을 하나 더 부착하고 노트북의 추적 프로그램을 연결해 정밀한 추적을 하기도 해요.

사진을 찍기 위해서는 촬영에 필요한 여러 장비를 세팅해야 해요. 세팅에는 생각보다 오랜 시간이 걸릴 수 있어요. 세팅을 마쳤으면 그날 밤 계속해서 사진을 찍게 되고, 나중에 이렇게 찍은 여러 장의 사진을 하나의 완전한 사진으로 만드는 작업을 하게 돼요. 우리가 인터넷에서 보는, 아마추어 천체 사진가들이 찍은 멋진 사진 한 장은 이런 많은 노력과 시간이 투입된 결과예요.

하지만 도시의 초보 관측자는 이런 부분을 신경 쓰지 않아도 돼요. 우리는 사진보다 먼저 눈으로 대상을 보는 데에 집중할 필요가 있어요. 사진으로 넘어가면 장비도 복잡해지고 생각할 것도 많아지기 때문이에요. 안시 관측으로 충분히 밤하늘과 친해진 후 사진에 도전해도 괜찮아요.

이제 다시 경위대식과 적도의식 이야기로 돌아올게요. 여러분이 만약 수동으로 움직이는 안시 관측용의 망원경을 필요로 한다면 움직이기 편한 경위대식 가대를 구매하면 돼요. 그게 아니라 사진 촬영용이 필요하다면 움직이는 방식이 조금 이상하긴 하지만 별을 쉽게 추적할 수 있는 적도의식 가대를 구매하면 돼요. 사용하다 보면 적도의식 가대의 움직임도 익

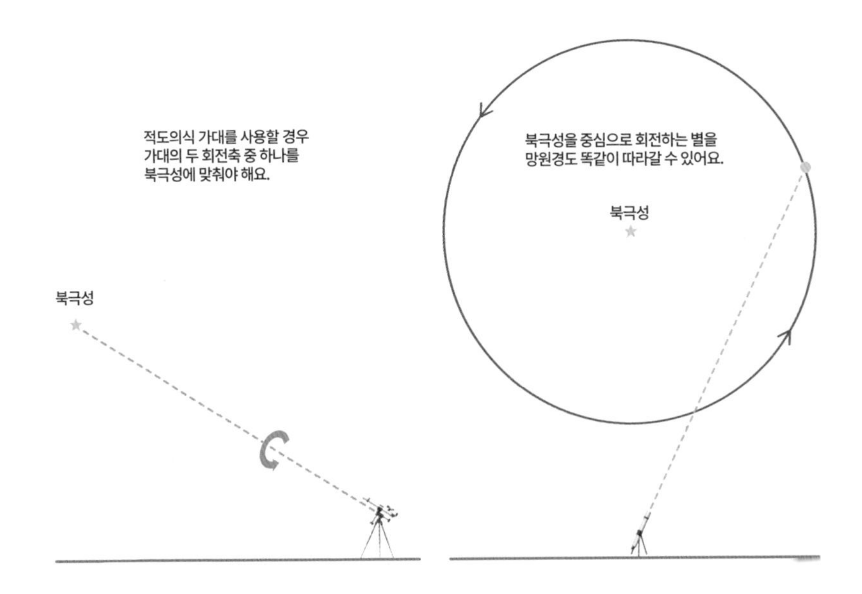

숙해지기 때문에 이 방식으로 안시 관측을 하는 것도 가능은 해요. 하지만 역시나 몇 가지 불편한 점이 있는데, 우선 적도의식 가대에서는 경통이 회전하면서 경통 쪽으로 무게 중심이 치우치기 때문에 균형을 맞추기 위해 경통 반대쪽에 무게추를 달아야 해요. 그래서 망원경을 설치할 때 균형을 맞춰 주는 작업도 중요해요. 또한 모터가 달린 경우 수동으로는 조작할 수 없는 제품도 있고, 수동 조작이 가능하더라도 사용하기 불편할 수 있어요.

모터와 배터리가 장착된 적도의식 가대에는 밤하늘에서 원하는 천체를 자동으로 찾아 주는 기능도 있어요. 이런 기능을 GoTo라고 불러요. 이는 마치 내비게이션이 달린 자동차와 같아요. 내비게이션은 참 편리하지만 스스로 길을 찾아 목적지에 찾아가는 과정에서 느낄 수 있는 보람은 없어요. 내비게이션을 사용할지 말지는 개인의 취향이듯이 원하는 천체를 자동으로 찾을지, 수동으로 찾을지도 선택하기 나름이에요. 수동으로 천체를 찾으려면 별자리 프로그램이나 성도에서 미리 위치를 파악해야 해요. 물론 하늘 상태가 좋지 않을 때는 수동으로 원하는 천체를 찾기가 힘들 수도 있어요. 하지만 내가 사는 도시 안에서도 다른 곳보다 상대적으로 어두운 장소가 존재하고, 하늘 상태가 좋은 날에 어두운 장소를 찾아 미리 성도와 별자리 프로그램으로 연습해 놓았던 부분을 시도해 볼 수 있어요. 자신의 성향에 따라서 어떤 방향을 택할지 결정해 보세요.

관측을 도와주는 파인더

이제 마지막으로 망원경에 파인더를 달아 줄 차례예요. 우리는 2부에서 스타 호핑법에 대해 알아볼 때 파인더가 무엇인지 살펴본 적이 있어요. 파인더는 망원경 본체보다 조금 더 넓은 시야를 볼 수 있도록 밤하늘을 조금 덜 확대해서 보여 주는 장치예요. 즉 배율이 낮은 파인더로 원하는 천체를 찾은 후, 배율이 높은 망원경 본체를 이용해 그 천체를 자세히 볼 수 있어요. 이를 위해서는 파인더와 망원경 본체가 같은 대상을 볼 수 있도록 하는 파인더 정렬 작업이 필요해요. 이때 별보다는 멀리 있는 건물이나 산에서 빛나는 부분을 통해 정렬을 시작하는 것이 편리해요. 별보다 찾기 쉬운 대상이기 때문이에요.

파인더 정렬을 위해서는 먼저 파인더가 아닌 망원경 본체의 접안렌즈에 찾는 대상을 넣어야 해요. 그 후 파인더 주변의 나사를 조절해서 파인더의 중앙에 똑같이 이 대상이 놓이도록 만들어요. 이렇게 하면 망원경과 파인더가 어느 정도 같은 방향을 보게 돼요. 그러고 나서 밤하늘의 별을 이용해 다시 한번 정렬하면 더 정밀하게 맞출 수 있어요.

보통 파인더는 작은 경통처럼 생겼고, 배율과 구경을 '배율×구경'의 형식으로 표시해요. 예를 들어 9×50mm는 9배의 배율과 50mm 구경의 파인더를 말해요. 그런데 확대 기능이 없는, 즉 배율이 없이 우리가 눈으로 보는 것과 똑같은 시야를 보여 주는 파인더도 있어요. 이러한 파인더를 등배 파인더 또는 도트 파인더라고 부르는데, 맨눈으로 대상을 찾는 것과 비슷하고 그저 파인더 가운데에 보이는 점에 대상을 넣으면 돼요. 하지만 등배 파인더로는 우리가 앞서 보았던 스타 호핑법을 사용할 수가 없기 때문에 수동으로 직접 대상을 찾는 스타 호핑법을 사용하려고 한다면 등배 파인더는 피하는 것이 좋아요.

일반적으로 파인더는 한 눈으로만 볼 수 있어요. 그래서 파인더를 들여다볼 때 파인더에 댄 눈만 뜨고 나머지 눈은 감는 경우가 많을 거예요. 하지만 파인더를 제대로 활용하기 위해서는 두 눈을 다 뜨는 것이 좋아요. 한쪽 눈은 파인더에 집중하고 다른 눈은 맨눈으로 파인더에 보이는 대상 또는 그 주변을 본다면, 파인더로 보는 시야와 맨눈으로 보는 넓은 시야가 함께 보이면서 원하는 대상을 찾기가 더 수월해요.

이렇게 해서 대물렌즈와 접안렌즈, 경통, 가대, 삼각대, 파인더를 조립해 하나의 천체 망원경을 만들어 보았어요. 그리고 아마도 다음 그림이 여러분이 생각하는 일반적인 천체 망원경의 이미지일 거예요. 그런데 우

완성된 망원경의 모습

리가 상식적으로 생각하는 것과는 조금 다른 모습의 망원경이 하나 더 있어요.

독특한 모양의 돕소니언 망원경

어때요? 망원경이라고 하기에는 조금 특이하죠? 마치 커다란 경통만 있고 가대와 삼각대는 없는 것처럼 보여요. 이 망원경의 이름은 돕소니언

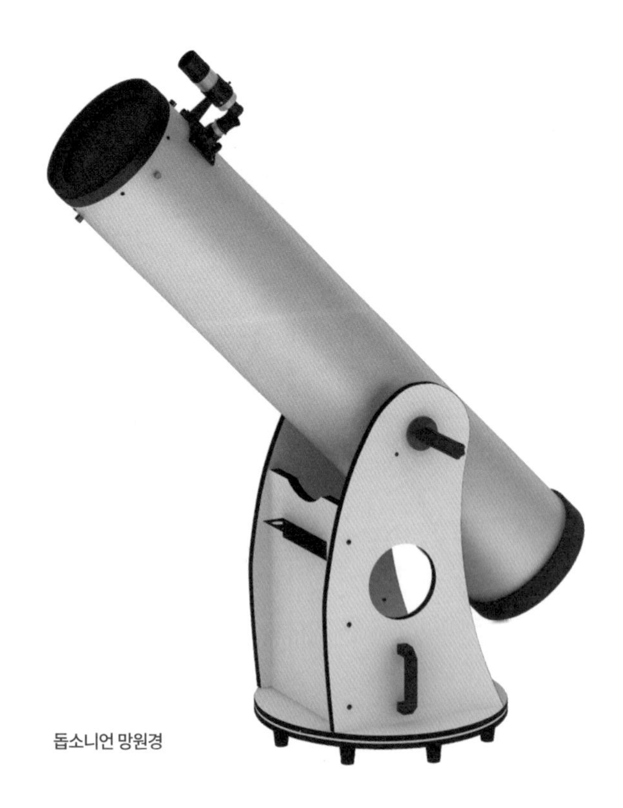

돕소니언 망원경

이라고 해요. 돕소니언은 거울이 들어있는 커다란 경통에 지지대가 결합된 망원경이에요. 가대와 삼각대 대신 이들을 합친 기능을 하는 지지대가 회전하는 경위대 방식이에요. 돕소니언 망원경의 최대 장점은 천문대에서나 볼 수 있을 만큼 커다란 구경의 경통을 개인 관측자가 소유할 수 있다는 점이에요. 독특한 구조의 지지대가 거대한 경통을 견고하게 받치고 있기 때문에 가능한 일이에요. 큰 구경의 망원경으로 성운, 성단, 은하를 보면 정말 멋지기 때문에 안시 관측자들은 되도록 큰 구경의 돕소니언을 갖고 싶어 해요.

다만 설치하고 분해할 때마다 광축을 정렬해야 한다는 번거로움이 있고 무엇보다 무겁다는 단점도 있어요. 하지만 앞서 말했듯이 개인에 따라 장단점을 느끼는 부분이 다를 수 있으니 돕소니언을 구매하려고 한다면 자신에게 적합한 크기가 어느 정도인지 고려해 본 후 선택하는 것이 좋아요.

02
나에게 맞는 천체 망원경

그럼 이제 천체 망원경에 대한 내용을 정리하면서 어떤 천체 망원경을 구매해야 하는지에 대해서도 생각해 볼게요.

우리는 우선 망원경에서 가장 중요한 숫자인 구경, 초점거리, f/수에 대해 알아보았어요. 이 세 가지는 망원경의 핵심적 요소를 나타내는 숫자로, 여러분이 망원경을 구매하거나 사용할 때 반드시 만나게 될 거예요. 구경은 물론 크면 클수록 좋지만 구경이 커지면 부피와 무게도 늘어나기 때문에 무조건 큰 구경보다는 자신이 다루기에 알맞다고 판단되는 크기를 선택하는 것이 좋아요. 그리고 초점거리와 f/수는 안시 관측보다는 사진 촬영에서 더 중요하게 생각하는 요소예요. 안시 관측의 경우는 접안렌즈로 보이는 대상의 배율 또는 크기를 바꿀 수 있지만 사진 촬영의 경우에는 접안렌즈 대신 카메라가 놓이기 때문에 대물렌즈의 초점거리에 따라 화각이 결정되어 버려요. 마찬가지로 대물렌즈의 f/수에 따라 상의 밝기가 결정되기에, 사진을 찍고자 한다면 초점거리와 f/수를 유심히 살펴야 해요.

그리고 망원경은 렌즈를 사용하는지, 거울을 사용하는지, 또는 이 둘을 섞어 사용하는지에 따라 굴절/반사/복합 망원경으로 나누어요. 관리하기 쉽고 상이 안정되어 보이지만 상대적으로 작은 구경의 굴절 망원경과, 구경은 크지만 상황에 따라 상이 불안정하게 보일 수 있고 광축 정렬이 필요한 반사 망원경 중에 어떤 것을 선택할지는 자신이 어디에 중점을 두는지에 달려 있어요. 만약 큰 구경이 가장 중요하다면 돕소니언도 좋은 선택이에요.

수동으로 움직일지, 아니면 자동으로 움직일지도 결정해야 해요. 안시 관측 위주로 하되 스스로 찾는 재미를 느끼고 싶다면 수동으로, 간편하게 원하는 대상을 찾으면서 보는 재미에 집중하고 싶다면 자동을 선택하면 돼요. 물론 천체 사진을 찍는다면 반드시 모터가 달린 가대가 필요하고요.

또한 가대가 경통을 움직이게 하는 방식, 또는 회전하게 하는 방식에 따라 경위대식 가대와 적도의식 가대로 나뉘어요. 만약 수동으로 간편하게 조작하고 싶다면 경위대식을 선택하면 되고, 사진을 찍고 싶다면 적도의식 가대를 선택해야 해요.

사실 자동차가 있는지 없는지도 망원경을 선택할 때 큰 영향을 미쳐요. 자동차가 있다면 조금 무겁고 큰 망원경이라 하더라도 가지고 다닐 수 있어요. 반면에 자동차가 없으면 역시 무거운 망원경은 피해야 해요. 물론 큰 구경의 망원경을 선택할 수 없기에 보는 재미가 떨어질지도 모르지만 적당한 크기로도 즐길 거리를 충분히 찾을 수 있어요.

제 경우를 말해 보자면, 예전에는 날씨가 좋은 날이면 자동차에 무거운 망원경을 싣고 원하는 곳으로 떠나 즐겁게 별을 보곤 했어요. 하지만 지금은 가볍고 부피가 작은 망원경을 구매해 집 근처 어두운 곳에서 관측을 하고 있어요. 충격에 약한 경통은 전용 가방에 넣어 어깨에 메고, 가대와 삼각대는 완충재로 감싼 뒤 핸드 카트에 실어서 밤마다 산책하듯 밖으로 나가요. 가장 많이 찾는 장소는 잔디가 깔린 학교 운동장인데, 시야가 사방으로 트여 있고 주변이 어두워서 관측하기에 정말 좋아요. 게다가 흙먼지가 적은 잔디여서 망원경을 깔끔하게 설치할 수 있어요.

자전거를 살 때도, 악기를 살 때도 그렇지만 무언가를 구매한다는 것에 정답은 없어요. 천체 망원경도 마찬가지예요. 아마 여러분은 여러 정보를 나름대로 수집한 후 구경과 초점거리와 f/수를 선택하고, 굴절/반사/복합 중 하나를 선택하고, 수동/자동을 선택하고, 경위대식 가대와 적도의식 가대를 선택하고, 최종적으로 브랜드와 디자인을 선택한 후 천체 망원경을 구매하게 될 거예요. 처음에는 저렴한 제품을 구매한 후 점점 비싸고 좋은 성능의 제품으로 넘어갈 수도 있고, 아니면 처음부터 비싼 제품을 구매해서 제대로 사용할 수도 있어요.

정답은 없지만 여러분이 초보 관측자이기 때문에 적어도 이 정도의 말은 할 수 있을 것 같아요. 처음이니까 너무 큰 망원경도 너무 작은 망원경도 아닌, 다루기에 부담되지 않는 적당한 사이즈의 천체 망원경을 선택하면 좋을 것 같아요. 너무 크면 손이 자주 가지 않을 수 있고, 너무 작으면 보는 재미가 떨어질 수 있기 때문이에요. '적당'이라는 말이 정말 애매하지만 이 정도면 괜찮겠다는, 나에게 알맞을 것 같다는 느낌이 드는 크기를 선택하길 바랄게요. 그리고 이것도 정답은 없지만 우선은 경위대식 가대를 이용해 경통을 움직이면서 대상을 눈으로 관측하는 것에 익숙해지는 편이 좋아요. 적도의식 가대는 나중에 사진을 찍고 싶다는 생각이 들 때 구매해도 돼요. 그리고 무엇보다 처음이니까 내가 알 수 있는 정보에는 한계가 있다는 것을 인정하고, 알아볼 수 있는 만큼만 알아본 후에 가볍게 하나를 선택해 시작하는 것이 좋은 방법일 수 있어요. 부디 자신에게 맞는 좋은 친구 같은 천체 망원경을 구매하길 바랄게요.

이야기를 마치며

우리가 별을 좋아하기 때문에

한때 저는 '사람들은 왜 별을 좋아하는 걸까?' 하며 궁금해했던 적이 있어요. 한참 천문대에서 일하며 별을 보러 오는 분들을 매일 만나던 때였죠. 그런데 뒤집어서 생각해 보면 저 역시도 별이 좋아서 천문대에서 일하고 있는지라, 그 질문은 저 스스로에게 하는 질문과도 같았어요. '나는 왜 별이 좋은 걸까?'

저는 그저 보고 싶었어요. 토성이 보고 싶었고, 목성이 보고 싶었어요. 그리고 성운, 성단, 은하를 실제로 보면 어떤 모습일지 궁금했어요. 밤하늘을 가로지르는 은하수도 꼭 한번 보고 싶었죠. 혜성이 찾아온다는 소식을 들으면 이번엔 볼 수 있을까 마음을 졸이기도 하고요. 그러던 어느 날 엄청나게 크고 예쁜 색깔의 별똥별을 보게 되었는데 그 이후 한동안은 그런 모습을 다시 볼 수 있을까 싶어 설레는 마음으로 밤하늘을 멍하니 바라보기도 했어요.

이렇게 저는 밤하늘에서 반짝이는 천체들을 직접 보고, 만나고 싶었어요. 왜 만나고 싶었는지는 알 수 없지만요. 아마 별을 좋아하는 분들도 왜 별을 좋아하냐고 물으면 명확히 대답하기 어려울 거라고 생각해요. 그래도 굳이 하나 이야기하자면 별이 멋지고 웅장하고 예뻐서가 아니라 무언가 특별한 감정이 느껴지기 때문이 아닐까요? 이 책에서 간간이 언급했듯이 저는 그런 감정을 '우주적 느낌'이라고 생각해요. 그 느낌이 정확히 어떤 건지는 저도 잘 모르지만, 이러한 신비로운 감정이 사람들을 밤하늘의 세계로 이끄는 것 같아요.

그런데 이런 우주적 느낌은 꼭 마음먹고 한적한 곳으로 별을 보러 가거나 천문대에 가야만 느낄 수 있는 건 아니에요. 우리가 도시에 있을 때도 우주는 변함없이 우리 머리 위에 있으니까요. 어디든 고개만 들면 우리는 우주를 볼 수 있어요. 다만 도시에서는 그간 다른 책이나 인터넷에서 보아 왔던 모습과 조금 다르게 보일 뿐이에요. 그래서 이 책에서는 우리가 실제로 볼 수 있는 도시의 밤하늘을 그려 보고 싶었어요. 우리 같은 도시인에게는 그게 더 진짜에 가까운 밤하늘일 거예요. 여러분이 밤하늘의 별들과 친해지는 데 이 책이 조금이라도 도움이 되었으면 좋겠어요.

책을 덮고 나면 여러분은 밤하늘 관측자의 길로 한 걸음 들어왔다고 할 수 있어요. 이제 머리 위에서 반짝이는 천체가 무엇인지 알 수 있을 거고, 달이 언제 어디서 어떻게 보일지도 예측할 수 있을 거예요. 별똥별과 유성우를 만나도 예전과는 조금 다르게 느껴질 거고요. 그리고 망원경을 통해 달을, 행성을, 성운을, 성단을, 은하를 직접 살펴보면서 경험이 쌓이게 된다면 앞으로는 밤하늘로 향하는 더 깊고 풍성한 길이 보일 거예요.

밤하늘은 항상 열리지 않기 때문에 계획했던 대로 되지 않는 경우가 많이 일어날 수 있어요. 지금이 아니더라도 보고 싶은 그 천체를 언젠가 볼 수 있을 거라는 희망을 갖고 천천히, 그리고 가볍게 그 길을 가길 바랄게요. 그리고 기회가 된다면 도시에서 벗어나 관측 환경이 좋은 곳에서 다시 한번 이 책에서 찾았던 천체들을 확인해 봐도 좋아요. 분명 깜짝 놀랄 만큼 멋진 모습들을 만날 수 있을 거예요. 거문고자리와 독수리자리 사이에서 백조자리를 따라 흐르는 은하수도 꼭 확인해 보시고요.

감사합니다

밤하늘에 대해 많은 것을 가르쳐 주셨던 안성천문대의 조길래 대장님, 대장님과 은하수를 보러 가고 함께 밤을 새우며 천체 사진을 찍던 추억들이 쌓여 이 책을 쓸 수 있었어요. 정말 감사드려요. 학생들을 소중하게 여기시는 임대중 선생님, 선생님을 보면서 저도 학창시절 선생님 같은 분을 만났더라면 얼마나 좋았을까 하고 생각했어요. 별을 사랑하시는 편재국 선생님, 선생님의 밝은 에너지 덕분에 제가 좀 더 기운을 내서 일할 수 있었어요. 스텔라에떼의 최유림 대표님, 전 지금까지도 대표님처럼 천체 사진과 망원경에 대해 잘 아시는 분은 본 적이 없는 것 같아요. 대표님 덕분에 사진과 망원경의 원리를 명쾌하게 배울 수 있었어요. 안성천문대의 소장님, 어떤 일이든 지혜롭게 뚝딱 해내시는 소장님을 보면서 나이는 중요하지 않다는 걸 느낄 수 있었어요. 소장님과 사모님, 두 분 다 언제나 건강하시길 바랄게요. 강덕골 사장님과 사모님, 따뜻한 두 분 덕분에 천문대에서 훨씬 편안하게 일할 수 있었어요. 안성천문대에서 만났던 모든 분께 감사드려요.

그리고 무엇보다 항상 힘이 되어 주는 아버지, 어머니, 큰누나, 작은누나, 소중한 우리 가족들이 저를 믿어 주고 뒤에서 지원해 주었기에 멈추지 않고 앞으로 나아갈 수 있었어요. 정말 감사합니다.

부족한 제 글솜씨를 높이 평가해 주신 오르트 출판사의 정유진 대표님, 대표님이 아니었다면 이 책은 세상에 나오지 못했을 거예요. 항상 응원해 주셔서 힘을 내 책을 완성할 수 있었습니다. 감사합니다.

마지막으로 이 책을 끝까지 읽어 주신 독자 여러분, 정말 감사드려요. 여러분이 밤하늘로 나아가는 데 이 책이 첫 발판이 된다면 저자로서 그것보다 더 큰 선물은 없을 거예요. 앞으로도 더 다양하고 멋진 발판을 찾아서 행복한 관측자가 되시길 바랄게요.

찾아보기

ㅈ

ㅊ

ㅋ

이미지 저작권

64쪽 Public Domain

67쪽 CC0

70쪽 CC BY N.A.Sharp/NOIRLab/NSF/AURA

72쪽 CC BY Mark Freeth

73쪽 CC0

75쪽 CC BY NASA, ESA, the Hubble Heritage Team (STScI/AURA), J. Blakeslee (NRC Herzberg Astrophysics Program, Dominion Astrophysical Observatory), and H. Ford (JHU)

87쪽 CC BY-SA Topoignaz

90쪽 CC BY Heidi Schweiker/WIYN and NOIRLab/NSF/AURA

95쪽 Public Domain

104쪽 CC BY-SA Juliancolton

124쪽 CC BY NASA, ESA, A. Simon (Goddard Space Flight Center), and M.H. Wong (University of California, Berkeley)

132쪽 Public Domain

133쪽 CC BY NASA/JPL-Caltech/SSI/CICLOPS/Kevin M. Gill

135쪽 CC BY Nasa/JPL/Mariner10/AndreaLuck

137쪽 CC BY JAXA/ISAS/DARTS/Kevin M. Gill

139쪽 CC BY-SA ESA & MPS for OSIRIS Team MPS/UPD/LAM/IAA/RSSD/INTA/UPM/DASP/IDA

166쪽 CC BY-SA Gregory H. Revera

169쪽 CC BY bscoder

170쪽 Public Domain

180쪽 CC0

184쪽 CC BY KPNO/NOIRLab/NSF/AURA/P. Marenfeld

186쪽 CC BY ESO/B. Tafreshi (twanight.org), M. Druckmuller, P. Aniol, K. Delcourte, P. Horalek, L. Calcada, M. Zamani.

193쪽 ⓒ NASA/Bill Ingalls

196쪽 CC BY ESO/P. Horalek

222쪽 ⓒ Vadim Ermak | Dreamstime.com

표지 brgfx / Freepik